复杂网络
社团发现方法与应用

◎ 潘雨 王帅辉 姚锋 张磊 何磊 著

清华大学出版社
北京

内 容 简 介

　　复杂网络社团发现对探索网络潜在特性、理解网络组织结构、发现网络隐藏规律和交互模式等具有重要的理论和现实意义,是网络分析任务的关键研究内容。本书针对不同复杂网络场景下的社团结构发现提出可行方法,围绕符号网络社团发现方法、重叠社团发现方法、动态网络社团发现方法和大规模网络社团发现方法等展开梳理和研究,并对社团发现在卫星通信网络组网规划现实场景中的应用进行了探索。

　　本书适合网络科学和计算机科学等领域的研究人员及高年级本科生和研究生阅读,也可供对复杂网络社团发现有兴趣的读者参考。

图书在版编目(CIP)数据

　　复杂网络社团发现方法与应用 / 潘雨等著. -- 北京 :清华大学出版社,
2025. 5. -- ISBN 978-7-302-69046-7

　　Ⅰ. TP393.02

　　中国国家版本馆 CIP 数据核字第 2025JF2220 号

责任编辑:陈凯仁
封面设计:刘艳芝
责任校对:薄军霞
责任印制:杨　艳

出版发行:清华大学出版社
　　　　网　　　址:https://www.tup.com.cn,https://www.wqxuetang.com
　　　　地　　　址:北京清华大学学研大厦 A 座　　　邮　　编:100084
　　　　社 总 机:010-83470000　　　　　　　　　　邮　　购:010-62786544
　　　　投稿与读者服务:010-62776969, c-service@tup.tsinghua.edu.cn
　　　　质量反馈:010-62772015, zhiliang@tup.tsinghua.edu.cn
印 装 者:天津鑫丰华印务有限公司
经　　销:全国新华书店
开　　本:170mm×240mm　　　印　张:8.5　　插 页:10　　字　数:192 千字
版　　次:2025 年 7 月第 1 版　　　　　　　　　印　次:2025 年 7 月第 1 次印刷
定　　价:68.00 元

产品编号:108711-01

　　随着信息技术的不断发展和社交媒体的大量涌入,网络数据呈现爆炸式的增长。如何有效地对网络数据进行表示,并在理想的网络表示上实现重要知识和结构的准确挖掘,逐渐成为近年来社会计算研究的热点。在复杂网络中,社团结构是广泛存在的重要潜在结构。挖掘网络中的社团结构对探索网络潜在特性、理解网络组织结构、发现网络隐藏规律和交互模式等具有重要的理论和现实意义,是网络分析任务的关键研究内容。本书对复杂网络中的符号网络、重叠网络、动态网络、大规模网络的社团发现进行梳理和研究,并对其在卫星通信网络组网规划中的应用进行探索。本书的主要研究内容和创新点如下。

　　(1)基于博弈论的符号网络社团发现方法。针对符号网络社团发现问题,构建一种用于符号网络中社团发现的博弈论模型,并设计一种符号网络社团发现算法。将节点作为参与者,根据社团内外的正、负边数构造增益函数,并从理论上证明模型局部纳什均衡的存在。当博弈达到纳什均衡状态时,所有节点的最优策略空间就是最终社团划分的结果。

　　(2)基于双尺度图小波神经网络的重叠社团发现方法。针对重叠社团发现问题,提出一种基于双尺度图小波神经网络的重叠社团发现模型,并设计一个具有低频带通滤波特性的图小波核函数,用于挖掘复杂网络中隐含的重叠社团结构。另外,考虑到图概率生成模型在重叠社团中的卓越性能,构建一个基于概率推断模型的损失函数,实现对重叠社团结构的完全无监督学习。

　　(3)基于演化聚类框架的动态网络社团发现方法。针对动态时序网络社团发现问题,提出一种基于演化聚类框架的动态网络社团发现方法,该方法利用前一时刻的社团发现结果作为先验信息来减少网络噪声对社团发现的影响。引入社团演化矩阵对社团的演化模式进行建模和跟踪,实现社团演化模式的分析和可视化,同时平滑连续时刻社团演化。

　　(4)基于深度网络表示学习的大规模社团发现方法。针对基于拓扑表示的社团发现算法存在计算复杂度高、不能并行计算和无法挖掘网络非线性结构等问题,将网络表示学习与社团发现领域相结合,提出一种基于深度网络表示学习的社团发现方法,实现在大规模、稀疏和高维网络中的社团结构挖掘。通过深度自编码器生成面向社团结构的节点向量,在捕捉潜在社团信息的嵌入空间中执行聚类策略,进而得到准确的社团结构。

(5)社团发现和网络表示学习的联合优化方法。网络表示学习作为社团发现的前驱服务,决定社团发现的性能,有效的网络表示有助于获得准确的社团结构。同时,作为网络重要的介观描述,在网络表示中融合社团结构有助于生成更具有表征性的网络表示。联合利用两种任务之间相互促进的协同关系,提出一种社团发现和网络表示学习的联合优化框架。在统一的框架中联合优化基于非负矩阵分解的表示学习模型和基于模块度的社团发现模型,在得到准确的社团结构的同时也生成理想的节点低维表示。

(6)社团发现在卫星通信地球站组网规划中的应用。随着卫星通信需求和地球站数量的增加,如何对卫星通信地球站进行合理的组网规划,提出一种智能且高效的组网规划方法是亟须解决的问题。本书将卫星通信地球站组网规划问题建模为社团发现问题,为大规模和动态卫星通信地球站的智能化组网规划提供了可行方案。

本书是作者在中国人民解放军陆军工程大学攻读博士期间和在国防科技大学博士后流动站工作期间完成的,在这里首先感谢作者的博士生导师胡谷雨教授和潘志松教授,还要感谢在编辑和出版过程中,国防科技大学系统工程学院和清华大学出版社的大力支持。

限于作者水平有限,书中难免有不妥与疏漏之处,敬请各位读者不吝赐教。

著　者

2025 年 1 月

目录

第1章

绪　　论

1.1　研究背景及意义

在现实世界中,许多个人或组织之间的复杂关系都以复杂网络的形式存在,如社交网络、引文网络和通信网络等。其中,网络中的节点代表个体(实体),边代表个体之间的关系。复杂网络科学作为一门跨越社会和计算机科学的现代学科,逐渐成为科学研究的引擎和跨学科的活跃话题。在复杂网络中,普遍存在三个重要的统计特性,分别为小世界特性[1]、无标度特性[2]和强社团结构特性[3]。小世界特性反映了复杂网络短平均路径和高聚类系数的特征;无标度特性反映了网络中节点服从幂律分布的特征;强社团结构特性反映了网络呈现明显的社团结构(community structure)特征,即社团内节点比社团之间节点交互更为紧密。复杂网络分析任务为探索复杂网络的这些潜在特性提供了有效的工具。其中,挖掘复杂网络中的社团结构是网络分析的重要研究内容之一,对揭示网络内部结构、理解复杂网络潜在特性、发现网络隐藏规律等具有重要意义。因此,数十年来复杂网络受到了持续的关注和广泛的研究。

尽管目前尚没有关于社团结构统一的定义,但从网络链接关系的角度来看,学术界普遍认为社团是一组内部链接紧密而与外部链接稀疏的节点的集合,这样的社团结构普遍存在于现实世界的社会网络、生物网络、信息网络等复杂网络中。图 1-1所示为一个科学家合作网络,图中节点代表科学家,节点之间的边表示科学家之间作为共同作者形成的合作关系。可以发现,同一研究领域的科学家相互之间存在密切的合作关系,表现出很强的社团结构。在蛋白质交互网络中,社团结构代表同一细胞内具有相似功能的蛋白质群,社团内部的蛋白质之间交互非常密切,表示同一蛋白质复合体内部的蛋白质相互作用,共同实现特定的生物过程。在社交网络中,社团结构表示组成网络的个体通常具有相同的兴趣、职业或者具有相似的教育背景等;在万维网(world wide web,WWW)构成的网络中,同一社团内的网页通常具有相同或相关的主题;在新陈代谢网络或神经网络中,社团反映不同的功能单元;在食物链网络中,生态系统的子系统对应着复杂网络中的社团结构。这样的社团结构在其他很多现实网络中比比皆是,此处不再一一赘述。由此可见,社团结构广泛地存在于现实网络中,是了解网络结构和功能的重要手段。

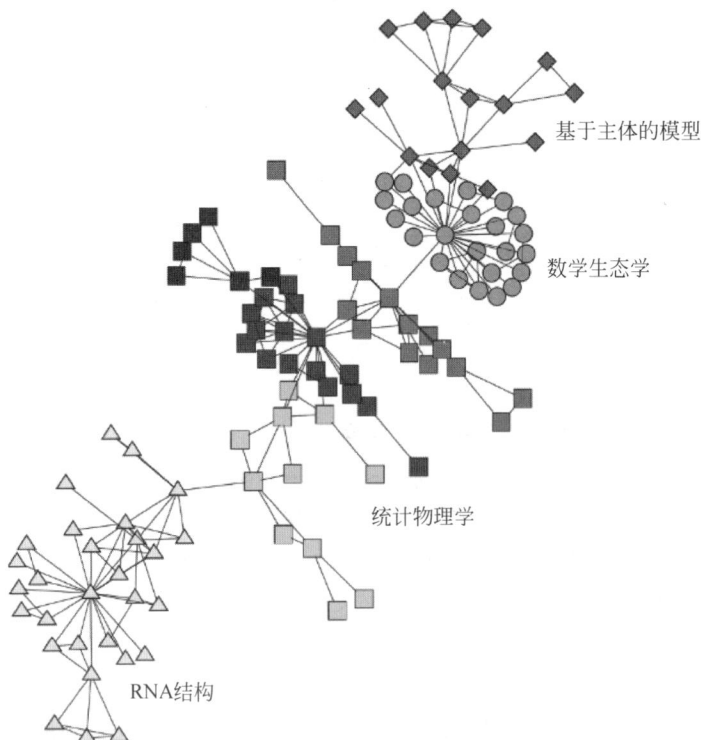

图 1-1　现实网络中的社团结构示意图(见文后彩图)

　　作为重要的网络分析任务,社团发现(community discovery)又称为社团检测(community detection),是指通过分析网络中节点之间的相互作用和潜在信息,从介观角度挖掘网络隐藏的社团结构的过程[4]。通过挖掘社团结构,人们能够认清网络中隐含的内部结构,深入理解个体的行为特点和网络演化趋势,揭示网络中存在的普遍性特征和规律。精准挖掘社团结构不仅对揭示复杂网络的结构和网络功能具有重要的理论意义,而且对信息扩散、舆情传播、病毒感染等不同领域管理水平与治理能力的提高具有重要的现实指导意义。例如,在微博等社交网络中,对拥有共同好友的用户推荐好友,有助于提高用户的忠诚度;对拥有相同兴趣爱好的用户推送感兴趣的内容,会提高用户的依赖度;在引文网络中,对引文网络进行社团挖掘,可以发现相同研究领域的关键性文章,以及历年来研究热点和学科建设的演变过程,有助于预测未来研究方向和前沿学科;在舆论网络中,对网络热点话题进行挖掘和分析有助于舆情控制和舆论导向,从而起到净化网络环境的作用;在犯罪网络中,对嫌疑人进行社团发现,可以侦查潜在的犯罪团伙或恐怖组织,对国家安全具有重要意义;在疾病蛋白质网络中,挖掘社团结构有助于找到药物靶标,对疾病的治疗起到关键的作用;在云计算中,分析服务间的流量挖掘虚拟网元之间的社团结构,可以为数据中心的微服务部署和调度提供指导意见,进一步优化运营商的效率,减少运营代价;在 IP 网络中,对 IP 网络的社团结构进行挖掘和分析有利于理解网络流量,从而为网络优化和安全管理提供有用的信息和决策支持;在通信网络中,对用户类别进行识别,有助于分析用户通信模式和特征,从而提供定向的推荐服务和安全布控;在卫星通信网络中,地球站通信单元可以建模成节点,通信单元之间的通信流量可以建模成边,通信单元之间的互通需求关系构成了一个复杂的通信网络,然后对卫星通信地球站中的通信单元进行社团发现,将通信频繁的通信单元组到一个子网中,通过一颗卫星转发与其他通信单元实现通信,有助于提高组网规划的准确率和工作效率,最大限度地利用卫星资源,实现高效智能的卫星通信组网规划任务。

1.2 基本概念

1.2.1 社团结构定义

社团结构是真实世界中许多复杂网络所具有的一种普遍性质。迄今为止,还没有关于社团的统一定义,但是很多研究尝试将社团的定义形式化。Fortunato[5]将社团从三个层次进行定义:局部定义、全局定义和基于节点相似性的定义。之后,Fortunato 又进一步将社团定义为可能共享相同属性或在网络中扮演类似角色的节点集合,并将其称为"群"。Porter 等[6]通过回顾社会学和人类学领域中关于社团研究的起源,将社团定义为紧密相连的节点组,组内节点间的连接比不同组节点间的连接更紧密。Yang 等[7]也提出了被广泛认可的社团定义,即社团是一组网络的节点,社团内节点之间连接紧密,不同社团节点之间连接稀疏。不仅如此,他们还从基于图划分、基于模块度和基于节点相似性等角度对社团结构进行了定义。Rheingold[8]运用图论来描述社团结构,他将社团定义为网络中具有高度内聚性的节点集合,并提出了基于子图的社团概念,将社团视为复杂网络中若干节点子集,每个子集内的节点之间联系紧密,而不同子集之间的节点联系则相对稀疏。因此,他认为社团发现的过程实际上是将网络节点根据它们的连接紧密程度划分为多个子图的过程。Girvan 和 Newman[3] 提出了基于模块度的社团结构评价指标用于网络中社团内部连接的比例与在随机网络中相同规模节点集合的连接比例之间的差异。模块度的值越大,表明社团结构越明显。

社团根据网络中节点之间的相互作用对社团结构进行识别,从而达到挖掘网络中连接紧密、具有相同性质节点集合的目的。一个理想的社团结构应该是社团内部的节点之间连接紧密并且共享相同的属性或扮演类似的角色,而不同社团的节点之间连接稀疏。

1.2.2　社团发现评价指标

为评估不同社团发现算法的性能,研究者们提出了多种评价指标,这些指标可分为两大类:已知真实社团划分结果的指标和未知真实社团结构的指标。前者主要包括标准化互信息(normalized mutual information,NMI)、准确率(accuracy,ACC)、纯度(purity)、Jaccard 相似度(Jaccard similarity)等,后者主要包括著名的模块度(Q)指标。下面分别对这些指标进行具体介绍。

1. NMI

NMI 是众多社团发现算法评价指标,来源于信息理论,其利用信息熵衡量算法划分的社团与真实社团划分之间的差别。NMI 的定义为

$$\mathrm{NMI}(C,G) = \frac{-2\sum_{i=1}^{k}\sum_{j=1}^{l}F_{ij}\log_2\left(\dfrac{F_{ij}n}{F_{i\cdot}\,F_{\cdot j}}\right)}{\sum_{i=1}^{k}F_{i\cdot}\log_2\left(\dfrac{F_{i\cdot}}{n}\right)+\sum_{j=1}^{l}F_{\cdot j}\log_2\left(\dfrac{F_{\cdot j}}{n}\right)} \tag{1-1}$$

式中,$C=\{C_1,C_2,\cdots,C_k\}$,$G=\{G_1,G_2,\cdots,G_l\}$,分别是算法得到的社团划分和真实的社团划分;F 是混合矩阵,其元素 F_{ij} 表示既属于社团 C_i 又属于社团 G_j 的节点的数量,$F_{i\cdot}$ 和 $F_{\cdot j}$ 分别是矩阵 F 的第 i 行元素之和、第 j 列元素之和,代表社团 C_i 和 G_j 中节点的数量。NMI 的取值介于 0~1,值越大说明算法的划分结果与真实社团划分越接近。若 NMI 等于 1,说明两种划分完全一致。

上述 NMI 指标在检验非重叠社团发现算法性能中得到了广泛应用,但其并不能对重叠社团划分的优劣进行有效和准确的评估。因此,本章对 NMI 进行改进,提出一个能够用于评价重叠社团的标准化互信息指标——重叠归一化互信息(overlapping normalized mutual information,ONMI)。ONMI 的定义为

$$I(C:G) = \frac{1}{2}(H(C) - H(C \mid G) + H(G) - H(G \mid C))$$

$$\mathrm{ONMI} = \frac{I(C:G)}{\max\{H(C),H(G)\}} \tag{1-2}$$

式中,$I(C:G)$ 为两种社团划分 C 和 G 的互信息,其示意图如图 1-2 所示,C 和 G 与式(1-1)一致,分别表示算法检测的社团划分和真实社团划分。ONMI 在 NMI

的基础上给出了更加直观的社团划分质量评价指标,可用于对重叠社团发现算法的性能进行有效评估。

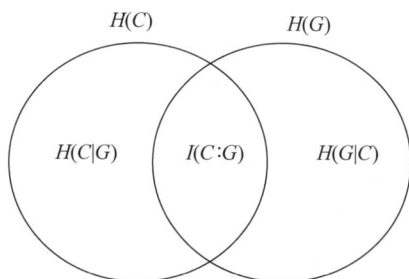

图 1-2   互信息示意图

2. ACC

ACC 是数据挖掘和机器学习领域中常用的检验聚类算法性能的指标,在社团发现问题中,任意两个相似的节点应被认作同一社团的成员。但在实际的社团划分中,会发生以下四种情况:①TP(true positive)表示相似的成员被划分到同一个社团中;②TN(true negative)表示不相似的成员被划分到不同的社团中;③FN(false negative)表示相似成员被划分到不同的社团中;④FP(false positive)表示不相似的成员被划分到相同的社团中。其中,①和②是正确的划分,③和④是错误的划分。ACC 定义为那些正确分配到同一社团的节点对的比例,其表达式为

$$ACC = \frac{TP}{TP + FP} \tag{1-3}$$

可见,ACC 介于 0~1,其值越大代表算法得到的社团划分与真实社团结构越接近。

3. 纯度(purity)

与 ACC 类似,purity 也是一个常用的聚类算法评价指标。针对社团发现问题,给定真实社团划分 $G = \{G_1, G_2, \cdots, G_l\}$ 和算法得到的社团划分 $C = \{C_1, C_2, \cdots, C_k\}$,其具体步骤如下:首先,为每个真实社团 G_j 分配一个标签,同时将其标签分配给社团内每个节点;其次,将算法得到的每个社团 C_i 中节点数最多的标签作为该社团的标签;最后,计算具有相同标签的 C_i 和 G_j 中相同节点的数量占网络中所有节点的比例,其数学表达式为

$$purity = \frac{1}{N} \sum_{i=1}^{k} \max |C_i \cap G_j| \tag{1-4}$$

式中,N 为节点个数。纯度的取值也在 0~1,其值越大代表算法的社团划分性能越好。

4. Jaccard 相似度

Jaccard 相似度又称 Jaccard 系数,用于比较有限样本集之间的相似性与差异性。在给定检测出的社团 C 和真实社团 G 的情况下,利用每个检测出的社团去匹配最相似的真实社团。Jaccard 相似度定义为

$$\text{Jaccard similarity} = \frac{1}{2|G|} \sum_{G_i \in G} \max_{C_j \in C} \delta(G_i, C_j) + \frac{1}{2|C|} \sum_{C_j \in C} \max_{G_i \in G} \delta(G_i, C_j)$$

$$(1\text{-}5)$$

式中,$\delta(G_i, C_j) = \dfrac{|G_i \bigcap C_j|}{|G_i \bigcup C_j|}$。该指标可用于对重叠社团发现算法的性能进行评估,其值越大对应的社团划分结构越接近真实社团。

5. Q

在真实社团结构未知的情况下,通常采用模块度(Q)来量化评价检测到的社团结构,通过对比随机网络中连接密度和实际情况下社团中连接密度之间的差异来评价社团划分的质量。Q 的形式化定义为

$$Q = \frac{1}{2m} \sum_{ij} \left(a_{ij} - \frac{k_i k_j}{2m} \right) \delta(C_i, C_j) \qquad (1\text{-}6)$$

式中,a_{ij} 为矩阵 A 中的元素,A 为网络的邻接矩阵;m 为网络中的总边数;k_i 为节点 v_i 的度,即 $k_i = \sum a_{ij}$;v_i 为网络中第 i 个节点;$\dfrac{k_i k_j}{2m}$ 为随机图中节点 v_i 和 v_j 之间有边的概率;C_i 和 C_j 分别为节点 v_i 和 v_j 所属的社团。式(1-6)适用于对无符号网络中社团发现算法的性能进行量化评估,模块度的值越大代表社团划分的结果越好。

更进一步,对于符号网络、重叠社团和多层网络也相继提出了对应的模块度函数用于评估社团发现算法性能。为了评价符号网络中的社团发现的质量,提出可用于符号网络的模块度指标:

$$Q_s = \frac{1}{2w^+ + 2w^-} \sum_{i,j \in V} \left(w_{ij} + \frac{w_i^- w_j^-}{2w^-} - \frac{w_i^+ w_j^+}{2w^+} \right) \delta(C_i, C_j) \qquad (1\text{-}7)$$

式中,w^+ 和 w^- 分别表示网络中正边和负边的数量;w_i^+ 和 w_i^- 分别表示与节点 v_i 相连的正边和负边的数量;V 为节点集合。

为了评价重叠社团发现的质量对传统的模块度进行了扩展,定义了重叠模块度函数 EQ,即

$$\text{EQ} = \frac{1}{2m} \sum_i \sum_j \frac{1}{O_i O_j} \left(a_{ij} - \frac{k_i k_j}{2m} \right) \delta(C_i, C_j) \qquad (1\text{-}8)$$

式中,O_i 和 O_j 分别是节点 v_i 和 v_j 所属社团的总数量。

1.3　社团发现研究现状

在实际的复杂网络中,社团结构通常隐藏于复杂的网络拓扑结构和(或)节点属性特征中,难以轻松获取。社团发现的目的是通过有效的算法从复杂网络数据中定量挖掘出这种中尺度特征,将连接紧密或具有相似特征的节点进行合理的划分,以便揭示网络中节点之间、节点与社团之间以及社团与社团之间的相互关系。

社团发现作为重要的网络分析任务之一,一直是社会计算领域的研究热点,近年来陆续有大量的社团发现算法被提出。本书后续章节中会针对符号网络、动态网络、大规模网络等社团发现的相关工作进行总结,因此本节从方法论的层面总结社团发现研究进展中的一些经典方法。

1.3.1 基于层次聚类的社团发现方法

基于层次聚类的社团发现方法是根据网络的层次特征,基于节点相似性进行迭代聚类,从而识别出网络中的多级社团结构。层次聚类方法主要分为凝聚式层次聚类方法和分裂式层次聚类方法。

(1)自底向上的凝聚式层次聚类方法是将网络中的每个节点都视为一个社团,然后通过对相似度高的社团进行迭代组合获得最终的社团结构。Newman 提出的 FN(fast Newman)算法[9]首先计算任意两个社团之间合并后的模块度增量,然后将模块度增量最大的两个社团进行合并,直至获得网络的社团结构。标记传播算法(label propagation algorithm,LPA)[10]在初始时为每个节点分配一个唯一标识,通过不断将多数邻居的标识更新为自己的标识,直至节点标识分布稳定,具有统一标识的节点构成一个社团,如图 1-3 所示。Zhang 等[11]提出了一种基于真实连接概念的凝聚式方法来发现网络中的重叠社团,该方法通过对原始网络进行预处理得到"真实连接"图,然后通过不停地重复迭代,将相似度高的社团进行合并来获得最终的网络社团结构。Bahulkar 等[12]提出了一种凝聚式层次聚类方法用于发现犯罪网络中的社团结构,该方法首先捕捉网络中隐藏的边并在划分社团前将其添加到网络中;然后采用自底向上的搜索方法,通过优化社团的局部模块度来发现社团结构。Riedy 等[13]首先将网络中的每个节点看作一个社团,然后根据两个相邻社团合并后优化指标的增量对其进行评价,最后通过迭代将社团进行合并直到模块度目标被最大化。Blondel 等[14]提出的凝聚式层次聚类算法首先采用局部搜索来选择小社团,然后对社团进行不断的聚和直到模块度停止增加。Shang 等[15]提出了一种基于增量模块度的动态网络社团发现算法,算法首先采用静态社团发现方法初始化得到初始社团,然后执行增量更新策略来发现动态的社团结构。

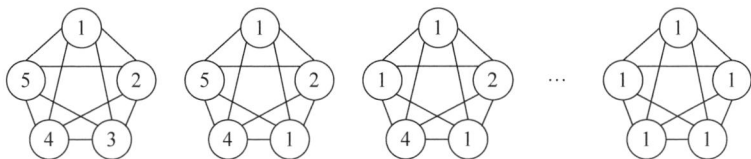

图 1-3　LPA 算法示意图

(2)自顶向下的分裂式层次聚类方法是将整个网络看作一个社团,然后计算网络中节点之间的相似度,通过不断迭代删除网络中相似度最"弱"的连接,进而得到最终的社团结构。分裂式层次聚类方法的典型代表——GN(Girvan-Newman)

算法[3],该算法通过迭代删除边界数最大的边获得社团划分的结果。Ni 等[16] 将网络的社团发现过程视为几何分解,并采用离散里奇流(Ricci flow)的基本原理,通过迭代地在里奇流过程中移动边来确定网络的社团结构。Görke 等[17] 提出了一个分裂式分层聚类算法用于发现时序网络的社团结构,该方法首先将网络中的所有节点看作社团,然后将合并后模块度增长最大的两个社团进行合并,重复此过程直到获得最终的社团结构。基于层次聚类社团发现算法的优点是能揭示网络的层次结构并直观地显示出来,可直观地对网络结构进行分析和研究。但是每个步骤完成都不能撤销,无法对次优或者错误的划分结果进行调整。

1.3.2　基于非负矩阵分解的社团发现方法

非负矩阵分解(non-negative matrix factorization,NMF)[18] 因其具有明确的物理意义和良好的可解释性被广泛应用于图像处理、语音识别和文本分析等领域。近年来,基于 NMF 的社团发现算法也受到了研究者的广泛关注。

NMF 可以看作一种数据的表示方法,即将原始数据矩阵中的数据用几个基向量的线性相加组合来表示。给定一个矩阵 $V \in \mathbb{R}^{m \times n}$,NMF 旨在将矩阵 V 分解为两个非负矩阵 $W \in \mathbb{R}^{m \times k}$ 和 $H \in \mathbb{R}^{n \times k}$ 的乘积,使两个非负矩阵的乘积尽可能地逼近原来的数据矩阵 V,即 $V \approx WH^{\mathrm{T}}$。形式化地,NMF 模型可表示为如下的优化问题:

$$\min D(V, WH^{\mathrm{T}}) \quad \text{s.t.} \, W \geqslant 0, H \geqslant 0 \tag{1-9}$$

式中,$\min D(V, WH^{\mathrm{T}})$ 表示矩阵 V 与 WH^{T} 之间的误差损失函数。常用的误差损失函数有以下两种:

1) 基于平方损失函数:

$$L_{\mathrm{LSE}} = D(V, WH^{\mathrm{T}}) = \| V - WH^{\mathrm{T}} \|_{\mathrm{F}}^{2} \quad \text{s.t.} \, W \geqslant 0, H \geqslant 0 \tag{1-10}$$

式中,L_{LSE} 表示最小二乘误差损失;D 表示差异度量;$\| \cdot \|_{\mathrm{F}}^{2}$ 表示 Frobenius 范数的平方,Frobenius 范数是矩阵元素的平方和的平方根,用于衡量两个矩阵之间的差异。

2) 基于广义 Kullback-Leibler 散度函数:

$$L_{\mathrm{KL}} = D(V, WH^{\mathrm{T}}) = \mathrm{KL}(V \| WH^{\mathrm{T}}) \quad \text{s.t.} \, W \geqslant 0, H \geqslant 0 \tag{1-11}$$

式中,L_{KL} 表示散度损失,用于衡量两个概率分布之间的差异;D 表示差异度量;$\mathrm{KL}(V \| WH^{\mathrm{T}})$ 表示 V 和 WH^{T} 之间的 KL 散度。

在基于 NMF 的社团发现方法中,对邻接矩阵 A 进行非负矩阵分解,得到的非负矩阵 W 为基矩阵,H 为系数矩阵,矩阵 H 的每一列可以看作节点属于每个社团的隶属度[19]。图 1-4 所示为基于 NMF 的社团发现算法的示意图,图左侧表示由 34 名成员构成的空手道俱乐部社交网络。在对其进行社团发现时,首先将网络表示为邻接矩阵的形式;然后对邻接矩阵进行非负矩阵分解,得到每个节点隶属于社团的隶属度;最后将节点分配到隶属度最高的社团,获得最终的社团结构。

针对社团发现的不同场景和需求,NMF 的一些变体也陆续应用于社团发现问题,如对称非负矩阵分解(symmetric non-negative matrix factorization,SNMF)[20]和非负矩阵三因子分解(non-negative matrix tri-factorization,NMTF)[21]。SNMF 被提出并用于划分无向网络中的社团结构,将对称的邻接矩阵 A 分解为两个对称的低维矩阵乘积的形式 HH^T,即 $A = HH^T$。由于传统的二因子分解只能捕捉两种类型的关系,Ding 等[22]将二因子的非负矩阵分解进行扩展,提出了可以捕捉更多类型关系的 NMTF,即 $A \approx WXH^T$。其中,矩阵 X 可以看作社团之间的关系矩阵,用于描述社团之间的关系强度。更进一步,对于无向网络的三因子分解,可以得到 $A \approx HXH^T$。

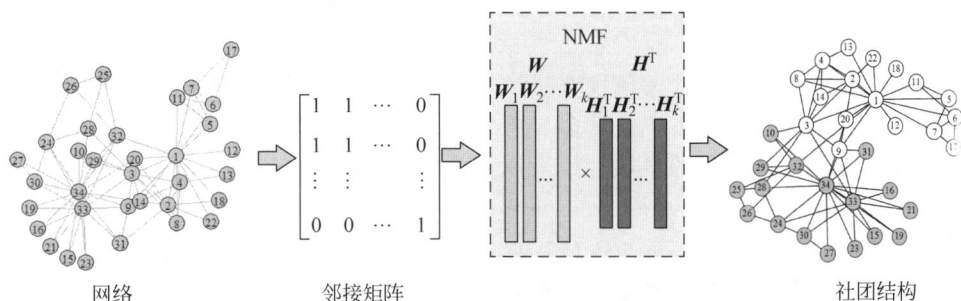

图 1-4 基于 NMF 社团发现算法示意图(见文后彩图)

近年来,因为 NMF 算法具有可解释性和模型简单等优点,越来越多基于 NMF 的社团发现算法被提出。Cao 等[23]提出了一种基于 NMF 的社团发现方法——CLNCCD(combination of links and node contents for community discovery),算法同时考虑了网络拓扑和属性信息,并且认为在网络中拥有相同属性的节点有较大概率属于同一个社团。首先,基于 NMF 模型对邻接矩阵 A 进行分解,得到节点的社团指示矩阵 H,即

$$O^l(X) = \| A - HH^T \|_F^2 \tag{1-12}$$

式中,矩阵 H 的每一行为节点隶属于每个社团的概率。然后基于内容和节点所属社团的一致性来实现网络连接和节点内容的结合。算法通过引入图正则化项来惩罚拥有相同属性却被划分到不同社团的节点,则有

$$O^l(X) = \| A - HH^T \|_F^2 + \beta \mathrm{tr}(H^T LH) \tag{1-13}$$

式中,拉普拉斯矩阵 $L = D - S$,S 为通过余弦相似度计算得到的节点属性相似度矩阵,D 为矩阵 S 的对角矩阵;β 为正则化项的权重系数。更进一步,考虑到网络中节点度的不均衡性,为了减少节点度的非均匀分布对图正则化的负面影响,算法引入参数矩阵 W 对社团指示矩阵 H 进行归一化,得到最终的目标函数:

$$O(X,W) = \| A - (WH) \cdot (WH)^T \|_F^2 + \beta \mathrm{tr}(H^T LH) \quad \mathrm{s.t.} \ H \cdot 1_C^T = 1_N^T \tag{1-14}$$

式中,向量 1_C^T 是所有元素都为 1 的 C 维列向量。Wang 等[24]提出了社团发现方法——SCI(semantic community identification),算法同时集成了表示网络拓扑的

社团成员矩阵以及表示语义信息的社团属性矩阵。SCI 不仅能有效地进行社团发现,还能利用语义信息对社团进行标注,使社团发现结果具有较强的解释性。针对多维网络的社团发现问题,Zhang 等[25]提出一种基于 NMTF 的多维网络社团发现方法——JoNMTF(joint regularized non-negative matrix triple factorization),算法首先结合网络连接关系和属性内容构成统一的图表示,然后利用 NMTF 模型对统一的图表示进行分解,得到准确的社团结构。对于重叠社团结构的发掘,GNMTF(graph regularized non-negative matrix tri-factorization)[26]是一种基于图正则化的 NMTF 模型,用于发现网络中的重叠社团结构,该算法不仅可以准确地获得每个节点隶属于社团的情况,还可以捕捉不同社团之间的相互作用。针对符号网络的社团发现,Li 等[27]提出了一种基于 NMTF 的符号网络社团发现算法,算法通过引入正则化项和稀疏项获得准确的符号网络社团结构,同时捕获社团之间的"积极"和"消极"关系。针对多层网络的社团发现问题,Ma 等[28]提出了一种基于联合非负矩阵分解的多层社团发现算法——MjNMF(multi-layer community detection by using joint non-negative matrix factorization),该算法通过用公共基矩阵同时分解所有层的邻接矩阵来提取每层的节点特征,并通过分解所有相关层的节点相似度矩阵来获得网络的社团结构。

NMF 算法在社团发现中得到了广泛的应用,主要源于以下原因:①NMF 模型可以发现隐含的模块结构;②因为分解矩阵的非负特性,分解的形式和分解结构都具有明确的物理含义,并且具有非常好的可解释性;③模型简单,是可加性模型,可扩展性强,适用于不同场景下的社团发现问题;④NMF 分解的结果具有天然的稀疏性。

1.3.3　基于深度学习的社团发现方法

近年来,随着深度学习在视觉、自然语言处理等领域的发展,基于深度学习的社团发现方法也逐渐成为研究的热点。现有基于深度学习的社团发现算法主要分为以下几种:基于自编码器(autoencoder)的社团发现方法、基于图卷积网络(graph convolutional network,GCN)的社团发现方法等。

(1) 基于自编码器的方法利用无监督自编码器,将网络编码成潜在空间中的低维表示,并在低维表示的基础上划分社团结构。在基于自编码器的方法中有两种获得社团结构的方式,一种是在低维表示向量上运行聚类策略获得社团结构;另一种将社团信息整合到模型中用于直接发现社团结构。根据使用自编码器类型的不同,又可以将模型分为栈式、稀疏式、去噪式和变分式自编码器。Tian 等[29]基于自编码器和谱聚类之间的相似性,提出了基于稀疏自编码器的图聚类方法——SAE(stacked autoencoders)。SAE 将归一化后的图相似度矩阵输入稀疏自编码器中,通过重构相似度矩阵并在目标函数上加入稀疏性约束,得到节点低维表示为

$$\text{Loss} = \sum_{i=1}^{n} \| y_i - x_i \|_2 + \beta \text{KL}(\rho \mid \hat{\rho}) \tag{1-15}$$

式中,y_i 为重构数据;x_i 为自编码器的输入数据。输入 x_i 为矩阵 $\boldsymbol{X} = \boldsymbol{D}^{-1}\boldsymbol{S}$ 的第 i 行,$\boldsymbol{S}$ 为连接相似度矩阵,$\boldsymbol{D}$ 为矩阵 $\boldsymbol{S}$ 的对角矩阵;β 是用于控制稀疏惩罚的权重,稀疏正则化项定义为

$$\mathrm{KL}(\rho \mid \hat{\rho}) = \sum_{j=1}^{|\hat{\rho}|} \rho \log_2 \frac{\rho}{\hat{\rho}_j} + (1-\rho)\log_2 \frac{1-\rho}{1-\hat{\rho}_j} \tag{1-16}$$

式中,ρ 为稀疏性参数,神经元的活跃度 $\hat{\rho} = \frac{1}{n}\sum_{j=1}^{n} h_j$,$h_j$ 为隐藏层神经元的平均活跃度。在获得稀疏的节点表示后,将其应用于 k-means 聚类算法获得最终的社团结构。随后,针对大规模网络的重叠社团发现问题,Vandana 等[30]提出了一个基于栈式自编码器的社团发现算法——DeCom(finding overlapping communities from large networks),该算法首先利用栈式自编码器查找种子节点,然后根据网络结构向社团添加节点,最后利用模块度最小化重构误差获得网络社团结构。NEC(network embedding for node clustering)[31]采用图卷积网络对网络数据进行编码和解码,以拓扑和属性信息作为输入,同时学习局部结构和聚类特征,将网络嵌入和聚类联合同时在一个目标函数中进行优化。CDMEC(stacked autoencoder-based community detection method via ensemble clustering)[32]是基于集成聚类的栈式自编码器社团发现方法,该算法首先构造相似矩阵作为栈式编码器的输入,其中相似矩阵根据四种不同的函数构造,可以全面地揭示网络拓扑中各节点之间的相似关系;然后将栈式自编码器和迁移学习相结合来学习复杂网络的低维特征;最后在网络的低维特征上应用聚类算法得到最终的社团结构。

(2)图卷积网络(GCN)[33]是图神经网络方法中学习图数据表示最具代表性的分支,因为其在节点监督和半监督分类上的成功吸引了大量研究者的关注。最近,一些基于 GCN 的算法被提出用于对高维复杂网络数据进行建模和推断,从而获得网络中的社团结构。He 等[34]设计了一种基于 GCN 的社团发现算法,利用以社团为中心的双编码器分别重构网络拓扑和节点属性,从而实现无监督的社团发现。具体而言,重构网络拓扑的解码器为

$$\hat{\boldsymbol{A}} = \mathrm{sigmoid}(\boldsymbol{DUWU}^{\mathrm{T}}\boldsymbol{D}^{\mathrm{T}}) \tag{1-17}$$

式中,$\boldsymbol{U}$ 为由编码器推导出的不同社团节点的概率分布矩阵;$\boldsymbol{D}$ 为节点度矩阵;$\boldsymbol{W}$ 为神经网络的权值矩阵。用于重构属性的解码器受到主题建模的启发,即同一社团中的节点更有可能具有相似的属性词分布,通过以下方式生成属性矩阵,即

$$\hat{\boldsymbol{X}} = \boldsymbol{UR} \tag{1-18}$$

式中,$\boldsymbol{R}$ 是社团从整个词集中选择属性词的概率矩阵。Jin 等[35]提出 GCN 得到的嵌入结果并不是面对社团信息的,而社团发现任务在本质上是无监督任务。为了解决这个问题,他们提出了一个基于卷积神经网络的无监督社团发现模型——JGECD(joint graph embedding and community detection),模型由网络嵌入模块、

社团发现模块和网络重构模块组成。Sattar 等[36]针对基于 GCN 的半监督学习在大型图中的社团发现仍然存在可扩展性和准确性问题,提出一种基于 GCN 的半监督节点分类的可扩展社团发现方法。

1.3.4 基于动力学的社团发现方法

网络动力学与网络拓扑结构密切相关,网络动力学过程能够有效捕获社团结构特征,因此基于动力学的方法是进行社团发现的一类重要方法。马尔可夫随机游走(random walk)是最常见的网络动力学理论,被广泛地应用于社团发现领域。基于随机游走社团发现方法的主要思想是,在游走过程中游走者受社团结构所限通常在社团内部游走,而跨越社团边界游走的概率非常低。该类方法中著名的算法包括马尔可夫聚类(Markov cluster,MCL)算法[37]和基于随机游走的 Infomap 算法[38]等。MCL 算法通过迭代修正网络中随机游走过程中的状态转移概率矩阵,使游走者以较大的概率游走于社团内部,以较小的概率跨社团游走。这样,当迭代结束时,社团内部的游走流很强,而社团间的游走流几乎没有,就可得到清晰的社团结构。MCL 算法具有很强的健壮性,目前已经在很多领域中得到了广泛的应用。Infomap 算法结合了信息论中的编码理论和随机游走过程进行社团发现,其基本思想是认为网络中的任何拓扑结构特征都可进行数据压缩,通过对随机游走路径进行编码,采用社团结构进行数据压缩,这样随机游走路径对应的最短编码长度即为最佳社团划分结果。在上述算法的基础上,研究者们相继提出了大量的改进算法,充分挖掘了基于随机游走的网络动力学机制在社团发现中的潜力。目前,仍然有相关算法不断被提出,如 Okuda 等[39]提出了一种新的约束随机游走相似性算法,提升了社团发现的准确率。Xin 等[40]探索了基于随机游走的动态社团发现,Yu 等[41]提出了基于随机游走的重叠社团发现算法,Hu 等[42]研究了基于随机游走理论的有向符号网络中的社团发现问题。

1.4 社团发现面临的挑战

现实生活中的复杂网络种类繁多,可分为无符号网络和符号网络、静态网络和动态网络、链接关系网络和属性网络等。另外,根据社团结构特征的差异,社团也可以划分为多个种类,包括非重叠(disjoint 或 non-overlapping)社团、重叠(overlapping)社团和层次(hierarchical)社团等。社团发现算法需要针对不同网络的特性以及待发现社团的特征进行有针对性的设计,没有任何一种方法能够适用于所有的网络和社团结构。因此,自社团概念被提出以来,涌现出了大量的社团发现方法。然而,虽然社团发现方法得到了广泛的研究,但目前针对特定的复杂网络,如符号网络、动态网络、大规模以及特殊的社团结构,如重叠社团等的研究,仍然面临诸多挑战。

1.4.1 符号网络社团发现

在很多复杂网络如社交网络中,个体(节点)之间除存在正面的链接关系外,还存在一些负面关系,如微博用户可以通过取消关注、拉入黑名单等操作将自己不喜欢、不感兴趣的人屏蔽,由此形成的关系就是一种负面的关系。对于这种复杂网络,将其抽象建模为符号网络能够更加准确地进行网络的分析和知识的挖掘。近年来,符号网络中社团发现的研究受到了广泛的关注。尽管如此,符号网络社团发现的研究仍面临一系列挑战。首先,为了合理地分配正负边的权重,研究者需要引入大量参数,这不仅增加模型的复杂性,也使得参数选择成为一个难题。其次,边密度虽然是社团形成的一个重要因素,但负边在社团结构中的具体作用尚未得到充分理解和研究,这是一个值得深入探讨的问题。再次,现实世界中的网络往往存在重叠的社团结构,即节点可能同时属于多个社团,但符号网络中对这类重叠社团的挖掘还远远不够。最后,尽管已有一些算法被提出,但在提升符号网络社团发现的准确性和效率方面,仍有巨大的提升空间。

1.4.2 动态网络社团发现

大多数社团发现研究工作基于一个核心假设:现实世界的复杂现象可以通过静态网络模型来捕捉。然而,这种假设忽视了现实世界中网络动态演化的固有特性,与现实世界动态演化的本质相违背。事实上,物体之间相互作用的关键特征之一就是它们随时间的演化,这是网络分析中不可或缺的关键要素。例如,在社交媒体微博上,用户之间的关注与取消关注行为,以及在"新冠"疫情中,感染者的隔离与康复,都是网络动态性的生动体现。这些变化使得网络结构不断演进,而忽视这些时间信息可能导致两个主要问题:一是那些短暂存在的社团可能难以被探测甚至被完全忽略;二是社团随时间演化的细节可能会丢失,从而无法全面理解网络的动态特性。尽管已有研究提出了多种针对动态网络的社团发现方法,但设计出既有效又高效的算法仍然充满挑战。这主要归因于以下几个因素:首先,动态社团缺乏一个统一和明确的定义,不同定义之间的差异使得算法间的比较变得困难,这限制了算法的可扩展性和普适性;其次,时间维度的引入显著增加了模型的复杂性。与静态社团发现不同,动态社团发现必须考虑网络中节点和边随时间变化所引起的网络结构演变;最后,社团演化事件的多样性也给动态社团发现带来了巨大挑战。动态网络中的社团可能经历多种演化事件,包括新生、消亡、增长、收缩、合并、分裂、持续和重生,这些演化事件的多样性要求算法能够灵活地识别和适应社团结构的动态变化。因此,如何在动态网络中准确地发现社团结构并捕捉社团的动态演化模式,仍是社团发现领域中一个亟须解决的难点问题。

1.4.3 重叠社团发现

在复杂网络的研究中,一个不可忽视的现象是许多节点并非仅属于一个社团。

许多节点同时存在于多个社团中,这种社团结构即为重叠社团。重叠社团在实际网络中普遍存在,如在社交网络中,个体可能因为兴趣爱好、专业技能或职业身份而参与多个社交圈。同样,在生物网络中,蛋白质在不同细胞过程中扮演着多样的角色。然而,现实网络中的节点往往携带丰富的属性信息,这些属性与网络的拓扑结构共同作用,导致了重叠社团结构的产生。因此,在这些属性丰富的网络中,节点的社团归属不仅受到网络拓扑结构的影响,还与其自身的属性特征密切相关,拓扑结构与属性特征的共同作用增加了重叠社团发现的难度。另外,重叠社团发现算法的可扩展性、准确性及重叠社团在实际应用中的意义等也是目前社团发现研究中面临的主要困难。

1.4.4　大规模网络社团发现

随着网络数据呈指数级增长,网络规模亦随之逐渐增大。同时,复杂网络存在无标度特征,只有少数的节点拥有大量的连接。对于现实世界中的许多信息网络,由于隐私或法律的限制,网络结构往往存在稀疏性问题。用稀疏的邻接矩阵来表示网络,使得网络分析方法具有较高的时间复杂度和空间复杂度,如社团发现的大多数算法需要计算矩阵的特征分解,矩阵的特征分解时间复杂度至少为 $O(n^3)$,这种计算复杂度使得算法难以扩展到大规模网络。深度学习在处理大规模网络数据时,可以保持高效的性能和可行的计算速度。同时也拥有较强的可移植性和特征学习能力,能够捕捉网络底层的非线性结构。因此,如何将深度网络表示学习与社团发现相结合,实现深度神经网络模型在社团发现问题中的应用是当前社团发现研究的一个新挑战。

1.5　本书内容组织结构

本书主要围绕复杂网络中社团发现相关内容展开研究,主要针对不同复杂网络场景下的社团结构发现提出可行的方法,并对社团发现在卫星通信地球站组网规划中的应用进行了探索。

第1章,绪论。本章首先对本书研究背景和研究意义进行介绍,阐述社团结构和社团发现相关基本概念;然后对社团发现国内外相关研究现状进行总结和介绍,对不同场景下社团发现面临的挑战进行阐述;最后对本书的主要内容进行了总体阐述。

第2章,符号网络社团发现方法。本章针对符号网络的社团发现问题,首先利用博弈论对符号网络中的社团发现问题进行建模,构建一个基于网络中正、负边数的效用函数,并证明该模型局部纳什均衡的存在;然后在对算法复杂度分析的基础上,针对博弈策略进行优化改进。

第3章,重叠社团发现方法。本章针对重叠社团发现问题,结合图小波卷积神经网络和图概率生成模型,提出一个用于挖掘重叠社团结构的端到端的无监督学习模型。针对具有社团结构的网络的图谱域分布特征,设计一个具有低频带通滤波频谱响应的小波核函数,实现对社团信息的准确抽取。

第4章,动态网络社团发现方法。本章针对动态时序网络的社团发现问题,基于演化聚类和非负矩阵分解框架,提出一个基于演化聚类的动态网络社团发现方法,通过引入演化聚类框架使当前时刻社团划分的结构尽量符合真实社团结构,同时保证连续时刻社团划分的平滑性。为了减少网络中噪声对社团划分的影响,利用前一时刻的社团发现结果作为先验信息优化当前时刻拓扑,从而提高社团发现的准确率。

第5章,大规模网络社团发现方法。本章针对大规模网络社团发现问题,首先对传统基于拓扑的社团发现算法遇到的瓶颈进行分析;然后将社团发现和网络表示学习领域相结合,提出一个基于深度网络表示学习的社团发现算法。算法首先针对社团发现任务的特点生成面向网络社团结构的低维表示,然后在嵌入空间实施聚类策略得到网络的社团结构。

第6章,社团发现和网络表示学习的联合优化方法。本章首先分析社团结构对网络表示的重要性及理想的网络表示对社团发现任务的促进作用;然后提出一个社团发现和网络表示学习的联合优化框架,在获得理想节点表示向量的同时对网络社团进行精确的划分。

第7章,社团发现在卫星通信地球站组网规划中的应用。本章首先对静态卫星地球站和动态通信地球站的组网规划问题进行说明;然后对其进行建模和形式化描述,提出针对动态卫星通信地球站和大规模卫星通信地球站的组网规划算法。

第8章,总结与展望。本章全面总结本书在社团结构挖掘研究的贡献,并且对未来可能的研究内容进行展望。

参考文献

[1] WATTS D J, STROGATZ S H. Collective dynamics of 'small-world' networks[J]. Nature,1998,393(6684):440-442.

[2] BARABÁSI A L, ALBERT R. Emergence of scaling in random networks[J]. Science,1999, 286(5439):509-512.

[3] GIRVAN M, NEWMAN M E J. Community structure in social and biological networks[J]. Proceedings of the national academy of sciences,2002,99(12):7821-7826.

[4] FORTUNATO S, HRIC D. Community detection in networks: a user guide[J]. Physics reports,2016,659:1-44.

[5] FORTUNATO S. Community detection in graphs[J]. Physics reports,2009,486:3-5.

[6] PORTER M A, ONNELA J P, MUCHA P J. Communities in networks[J]. Notices of the American mathematical society,2009,56(9):4294-4303.

[7] YANG B, LIU D, LIU J, et al. Discovering communities from social networks[C]//

FURHT B. Handbook of social network technologies and applications [M]. Berlin: Springer, 2010: 331-346.

[8]　RHEINGOLD H. The virtual community [J]. Reading digital culture, 1994, 265 (5175): 1114.

[9]　NEWMAN M E. Fast algorithm for detecting community structure in networks [J]. Physical review E, 2004, 69(6): 066133.

[10]　RAGHAVAN U N, ALBERT R, KUMARA S. Near linear time algorithm to detect community structures in large-scale networks [J]. Physical review E, 2007, 76 (3): 036106.

[11]　ZHANG Y J, ZHANG Y, CHEN Q K, et al. True-link clustering through signaling process and subcommunity merge in overlapping community detection [J]. Neural computing & applications, 2018, 30(50): 3613-3621.

[12]　BAHULKAR A, SZYMANSKI B K, BAYCIK N O, et al. Community detection with edge augmentation in criminal networks [C]//IEEE/ACM International Conference on Advances in Social Networks Analysis and Mining, ASONAM, 2018: 1168-1175.

[13]　RIEDY J, BADER D A, MEYERHENKE H. Scalable multi-threaded community detection in social networks [C]//IEEE 26th International Parallel & Distributed Processing Symposium Workshops & PhD Forum, Shanghai: 2012: 1619-1628.

[14]　BLONDEL V D, GUILLAUME J L, LAMBIOTTE R, et al. Fast unfolding of communities in large networks [J]. Journal of statistical mechanics theory & experiment, 2008(10): 10008.

[15]　SHANG J X, LIU L, XIE F, et al. A real-time detecting algorithm for tracking community structure of dynamic networks [J]. Computer science, 2014.

[16]　NI C C, LIN Y Y, LUO F, et al. Community detection on networks with Ricci flow [J]. Scientific reports, 2019, 9(1): 1-12.

[17]　GÖRKE R, MAILLARD P, STAUDT C, et al. Modularity-driven clustering of dynamic graphs [C]//International Symposium on Experimental Algorithms, Heidelberg, 2010: 436-448.

[18]　LEE D D, SEUNG H S. Algorithms for non-negative matrix factorization [J]. Neural information processing systems, 2000, 13(6): 556-562.

[19]　YANG L, CAO X, JIN D, et al. A unified semi-supervised community detection framework using latent space graph regularization [J]. IEEE transactions on cybernetics, 2015, 45 (11): 2585-2598.

[20]　WANG F, LI T, WANG X, et al. Community discovery using nonnegative matrix factorization [J]. Data mining and knowledge discovery, 2011, 22(3): 493-521.

[21]　ZHANG Y, YEUNG D Y. Overlapping community detection via bounded nonnegative matrix tri-factorization [C]//KDD'12: The 18th ACM SIGKDD International Conference on Knowledge Discovery and Data Mining, Beijing, 2012: 606-614.

[22]　DING C, TAO L, WEI P, et al. Orthogonal nonnegative matrix tri-factorizations for clustering [C]//The 12th ACM SIGKDD International Conference on Knowledge Discovery and Data Mining, Philadelphia, 2006: 126-135.

[23]　CAO J, WANG H, JIN D, et al. Combination of links and node contents for community

discovery using a graph regularization approach[J]. Future generation computer systems, 2019,91: 361-370.

[24] WANG X, JIN D, CAO X, et al. Semantic community identification in large attribute networks[C]//The 30th AAAI Conference on Artificial Intelligence, Phoenix, 2016: 265-271.

[25] ZHANG L L, YANG L Q, GONG Y, et al. Community discovery on multi-view social networks via joint regularized nonnegative matrix triple factorization [J]. IEICE transactions on information & systems,2017,E100. D(6): 1262-1270.

[26] JIN H, YU W, LI S J. Graph regularized nonnegative matrix tri-factorization for overlapping community detection[J]. Physica A: statistical mechanics and its applications, 2019,515: 376-387.

[27] LI Z, CHEN J, FU Y, et al. Community detection based on regularized semi-nonnegative matrix tri-factorization in signed networks[J]. Mobile Networks and Applications,2017, 23(2): 1-9.

[28] MA C, LIN Q, LIN Y, et al. Identification of multi-layer networks community by fusing nonnegative matrix factorization and topological structural information[J]. Knowledge-based systems,2021,213: 106666.

[29] TIAN F, GAO B, CUI Q, et al. Learning deep representations for graph clustering[C]// The 28th AAAI Conference on Artificial Intelligence, Quebec,2014: 1293-1299.

[30] VANDANA B, RANI R. A distributed overlapping community detection model for large graphs using autoencoder[J]. Future generation computer systems,2019(94): 16-26.

[31] SUN H, HE F, HUANG J, et al. Network embedding for community detection in attributed networks[J]. ACM transactions on knowledge discovery from data,2020,14 (3): 1-25.

[32] XU R B, CHE Y, WANG X M, et al. Stacked autoencoder-based community detection method via an ensemble clustering framework [J]. Information sciences, 2020, 526: 151-165.

[33] KIPF T N, WELLING M. Semi-Supervised Classification with Graph Convolutional Networks[EB/OL]. (2016-09-09)[2017-02-22]. https://arXiv. org/pdf/1609. 02907.

[34] HE D, SONG Y, JIN D, et al. Community-centric graph convolutional network for unsupervised community detection[C]//Twenty-Ninth International Joint Conference on Artificial Intelligence and Seventeenth Pacific Rim International Conference on Artificial Intelligence, IJCAI,2020: 3515-3521.

[35] JIN D, LI B, JIAO P, et al. Community detection via joint graph convolutional network embedding in attribute network[C]//The 28th International Conference on Artificial Neural Networks, Munich,2020: 594-606.

[36] SATTAR N S, ARIFUZZAMAN S. Community detection using semi-supervised learning with graph convolutional network on GPUs[C]. The IEEE International Conference on Big Data, Atlanta,2020: 5237-5246.

[37] VAN DONGEN S. Graph clustering by flow simulation [D]. Utrecht: Untrecht University,2001.

[38] ROSVALL M, BERGSTROM C T. Maps of random walks on complex networks reveal

community structure[J]. Proceedings of the national academy of sciences of the United States of America,2008,105(4): 1118-1123.

[39] OKUDA M,SATOH S,SATO Y,et al. Community detection using restrained random-walk similarity[J]. IEEE transactions on pattern analysis and machine intelligence,2021, 43(1): 89-103.

[40] XIN Y,XIE Z Q,YANG J. An adaptive random walk sampling method on dynamic community detection[J]. Expert systems with applications,2016,58: 10-19.

[41] YU Z,CHEN J,QUO K,et al. Overlapping community detection based on random walk and seeds extension[C]//Proceedings of the 12th Chinese Conference on Computer Supported Cooperative Work and Social Computing. Chongqing,2017: 18-24.

[42] HU B,WANG H,ZHENG Y. Sign prediction and community detection in directed signed networks based on random walk theory[J]. International journal of embedded systems, 2019,11(2): 200-209.

第2章

符号网络社团发现方法

2.1 引言

符号网络中节点之间的边不仅包括正边,还包括负边。其中,正边表示朋友、喜欢、信任、支持等积极的关系;而负边则表示敌人、讨厌、不信任和反对等消极关系。在社会学、生物学、物理学等领域,很多复杂系统都存在这种对立的关系。例如,在社会学领域,人与人之间存在朋友和敌人关系,国家之间存在合作与敌对关系;在生物学领域,神经元之间存在促进和抑制关系;在物理领域,原子之间存在吸引和排斥的关系。因此,现实世界中很多复杂系统都可以抽象为符号网络,并且将这些复杂系统建模为符号网络,能够充分利用网络中的负边信息,得到更加准确的网络结构特征。

在无符号网络中,社团是网络内一组节点的集合,集合内节点之间连接紧密,而不同集合间的节点之间的连接相对稀疏。在符号网络中,社团的划分不仅要考虑节点间连接的紧密程度,还要考虑边的符号属性。根据符号网络的结构平衡理论,通常将正边划分到社团内部,而将负边划分到社团之间。直观上来讲,对于可分或平衡的符号网络,通过切掉所有的负边即可得到社团的划分结果。然而,实际的符号网络通常是不可分或不平衡的网络,即在社团内部存在负边,而在社团之间存在正边,这就给符号网络的社团划分带来了难度和挑战。针对无符号网络的社团发现技术的研究由来已久,并且产生了大量的社团发现方法。然而,Kunegis

等[1]研究发现,符号网络中的负边包含了大量无符号网络不具备的信息,其在分析符号网络的结构中具有不可替代的作用。因此,无符号网络的社团发现方法不能直接应用于符号网络中,而是需要人们针对符号网络的特点研究新的社团发现方法。

博弈论作为一种重要的数学分析工具,不仅在经济学和政治学得到广泛应用,还在交通运输网络、通信网络及社会关系网络方面得到广泛应用。它是研究独立的理性参与者的行为发生直接相互作用时,参与者如何进行决策,以及这种决策如何达到均衡的理论。复杂网络中的节点通常可看作理性的个体,它们通过加入或离开社团,使自己的收益最大化。因此,可以将符号网络的社团发现问题建模为博弈论模型,通过求取模型的均衡状态,得到社团划分结果。

2.2 问题定义

一个博弈模型通常包含参与者、策略、动作和效用函数等几个元素。在社团生成博弈中,参与者是给定网络中的节点。社团生成博弈的目的是,对于给定的网络,节点之间通过博弈生成社团结构。记符号网络为图 $\mathcal{G}=(\mathcal{V},\mathcal{E})$,其节点数和边数分别为 $n=|\mathcal{V}|$ 和 $m=|\mathcal{E}|$。对于该符号网络,所有可能的社团集合可表示为 $[k]=\{1,2,\cdots,k\}$。

定义 2.1 节点 v_i 的策略是所有可能社团的子集,即 $[k]$ 的子集。节点 v_i 的策略可表示为 $S_i\subseteq[k]$,代表节点 v_i 的社团标签。那么,所有节点的策略集构成了全局策略组合 $S=(S_1,S_2,\cdots,S_n)$。

在社团生成博弈过程中,每个参与者只有三个动作可以执行,分别是加入、离开和切换社团。节点 v_i 的加入社团操作意味着通过在其策略 S_i 中增加一个新的社团标签并加入一个新的社团中。离开社团操作表示 v_i 通过从 S_i 中移除一个社团标签并离开其所在的一个社团。切换社团操作是指 v_i 通过从其策略空间 S_i 中移除一个社团标签,同时在 S_i 中添加一个新的社团标签,实现从一个社团切换到另外一个社团。

通常情况下,加入社团对于博弈中的参与者是有益的,但同时也需要付出一定的代价,如时间、费用等。因此,节点 v_i 的效用函数 u_i 可表示为增益和代价函数之差,即 $u_i(S)=g_i(S)-l_i(S)$。记网络中除节点 v_i 以外其他节点的策略为 S_{-i},当节点 v_i 的策略由 S_i 变为 S_i' 时,系统的策略组合可表示为 (S_i',S_{-i})。这样,当给定其他节点的策略时,节点 v_i 的最佳响应策略可通过下式计算:

$$\underset{S_i'\subseteq[k]}{\arg\max}[g_i(S_i',S_{-i})-l_i(S_i',S_{-i})] \tag{2-1}$$

定义 2.2 对于给定的符号网络 $\mathcal{G}$,如果下式成立,则策略组合 $S=(S_1,S_2,\cdots,S_n)$ 达到社团生成博弈的(纯)纳什均衡。

$$\forall i\ 且\ S_i'\neq S_i,u_i(S_i',S_{-i})\leqslant u_i(S_i,S_{-i}) \tag{2-2}$$

在这种状态下,意味着所有节点都选取了最佳策略,任何节点都不能通过单方面改变策略而获得收益。

然而,计算社团生成博弈的纳什均衡是一个 NP-难问题。因此,可以利用局部均衡的定义(即没有节点在有限的策略空间中能够偏离当前策略的状态),来计算社团生成博弈的局部最优解。

定义 2.3　对于给定的符号网络$\mathcal{G}$,如果所有节点都选择局部最优策略,即下式成立,那么策略组合 $S = (S_1, S_2, \cdots, S_n)$ 达到博弈的局部均衡。

$$\forall i \text{ 且 } S'_i \in \text{ls}(S_i), u_i(S'_i, S_{-i}) \leqslant u_i(S_i, S_{-i}) \tag{2-3}$$

式中,$\text{ls}(S_i)$ 表示节点 v_i 的局部策略空间,即可能的社团标签集,其是在当前策略 S_i 基础上,通过每次执行上述三个动作中的一个动作而得到。值得注意的是,这样的局部策略空间与现实世界中个体通常每次只加入或离开一个社团的事实相吻合。

本章所用到的主要符号定义如表 2-1 所示。

表 2-1　主要符号定义

符　　号	定　　义
$\mathcal{G}$	无向符号网络
$\mathcal{V}$	网络中的节点集
$\mathcal{E}$	网络中的边集合
m, n	分别表示网络中的边数和节点数
v_i	第 i 个节点
$\mathbf{A}$	符号网络的邻接矩阵
a_{ij}	邻接矩阵的元素
S	全局策略组合
S_i	第 i 个节点的策略
S_{-i}	网络中除第 i 个节点外其他节点的策略
g_i	第 i 个节点的增益函数
l_i	第 i 个节点的代价函数
u_i	第 i 个节点的效用函数

2.3　相关工作

总结现有文献中的方法可知,关于符号网络的社团发现问题主要有以下三种研究思路。

一是将社团发现问题转化为目标优化问题进行求解。Chang 等[2]将符号网络中的社团发现问题看作奇偶校验编码中的解码问题,重点考虑了非平衡符号网络的社团发现问题,采用纠错编码(error correction coding,ECC)的方法进行分析,引入了比特翻转(bit-flipping)和信任传播(belief propagation)算法,并设计了汉明

(Hamming)距离算法,通过最小化汉明距离进行社团发现。这种方法只能适用于具有两个社团的符号网络,应用范围有限。Chen 等[3]建立了一种离散时间模型用于符号网络的社团发现。该方法提出了一个离散差分方程来模拟节点相态的变化,并使用节点间的相似性来描述它们之间的影响,具有高的正相似性的节点聚成一个社团,而具有负相似性的节点将被划分为不同的社团,当所有节点的相态稳定后,得到最终的社团划分。该方法能够广泛用于各种规模的符号网络中,并且具有较高的准确度和计算效率。但是,这种方法需要手动设置多个参数,并且社团发现结果受参数设置的影响较大。Zhao 等[4]使用统计推断的方法实现了对符号网络的社团发现,建立了符号网络的概率模型,利用参数估计的期望最大化算法计算社团结构。Li 等[5]提出了基于约束 semi-NMTF(ReS-NMTF)的符号网络社团发现算法,该算法首先将符号网络映射到低维空间,然后在新的空间中进行社团发现。这种方法的性能非常卓越,因此可以将其作为基准算法与本章提出的算法进行对比,以验证本章方法的性能。Girdhar 和 Bharadwaj[6]综合考虑网络中连接的强度和连接的符号,利用模块度、挫败感和社会影响力因子等指标构建了一个基于多目标优化的符号社交网络社团发现算法。

二是将符号网络的社团发现问题进行分段处理,首先对正边网络采用传统的无符号网络的社团发现方法,然后利用符号网络的负边信息构建评价函数,最后对社团发现结果进行调整和修正。Yang 等[7]将 FEC(finding and extracting communities)算法拓展应用到符号网络中,首先随机地从一个还未标识其社团的节点出发进行随机游走,考察游走一定步数所能到达的节点集合的相应概率,并在游走过程中忽略所有负边;然后根据一个截断函数确定哪些节点与随机游走的初始节点属于同一社区。FEC 算法的时间复杂度低,但是不同的初始种子节点的选择、随机游走步长的设定会造成性能不稳定。此类方法还包括 GN-H(GN-hierarchical)协同训练算法[8]和基于聚类的随机算法(cluster-based randomized algorithm,CRA)[9]等。分段式社团发现方法最主要的缺点是,前阶段的划分结果往往对后一阶段产生较大影响,无法保证充分地利用负边信息。

三是对无符号网络社团发现方法进行改造,建立适用于符号网络的社团发现方法。Gómez 等[10]在传统模块度的基础上,提出了符号模块度的概念。Anchuri 等[11]设计了基于符号模块度优化的社团发现方法。Kunegis 等[12]对谱聚类方法进行扩展,提出了符号谱聚类的社团发现方法。

对于博弈理论在社团发现问题中的应用,已有学者进行了相关研究。Chen 等[13]首次将博弈论引入社团发现问题中,建立了一个社团生成博弈模型框架,为社团发现问题提供了新的研究思路。随后,Alvari 等[14]在此基础上,通过改进增益函数和决策规则,改善了社团发现的结果。Lung[15]利用非合作博弈的纳什均衡建模了社交网络中的社团发现问题。Chopade 和 Zhan[16]在 Lung 等工作的基础上,修改了模块度和拟合函数,构建了可用于大规模复杂网络的社团发现方法。

然而,这些社团发现方法都是针对无符号网络的,不能直接用于解决符号网络中的社团发现问题。因此,本章尝试利用博弈论对符号网络中的社团发现问题进行研究,以提高符号网络中社团发现的准确率和鲁棒性。

2.4　基于博弈论的符号网络社团发现方法

2.4.1　效用函数

直观来讲,符号网络中的节点作为博弈的参与者,在形成社团时,力求社团内的朋友(正边)最多、敌人(负边)最少,并使社团间的敌人(负边)最多、朋友(正边)最少。基于这一思想,可将节点 v_i 的增益函数表示为

$$g_i = \frac{1}{m}\left[(e_i^{p-\text{in}} - e_i^{n-\text{in}}) + (e_i^{n-\text{out}} - e_i^{p-\text{out}})\right] \tag{2-4}$$

式中, $e_i^{p-\text{in}}$ 和 $e_i^{n-\text{in}}$ 分别是节点 v_i 与其所在社团内部节点相连接的正、负边数; $e_i^{p-\text{out}}$ 和 $e_i^{n-\text{out}}$ 分别是节点 v_i 与其他社团内节点相连的正、负边数。利用邻接矩阵,式(2-4)的具体实现形式为

$$g_i = \frac{1}{m}\sum_{j\in\mathcal{V}, j\neq i}\left[a_{ij}\delta(i,j) - a_{ij}(1-\delta(i,j))\right] \tag{2-5}$$

式中,如果节点 v_i 与 v_j 在同一社团内, $\delta(i,j)=1$,否则 $\delta(i,j)=0$;邻接矩阵元素 a_{ij} 的取值为1、0和-1,当 v_i 与 v_j 之间为正边时 $a_{ij}=1$,当 v_i 与 v_j 之间为负边时 $a_{ij}=-1$,当 v_i 与 v_j 无连接时 $a_{ij}=0$ 。式(2-5)具体的物理含义是,前一项表示社团内的正边数与负边数之差,后一项(含负号)表示社团间负边数与正边数之差。

因此,代价函数定义为

$$l_i = \frac{1}{m}(|S_i|-1) \tag{2-6}$$

式中, $|S_i|$ 为节点 v_i 归属的社团个数。这样,符号网络社团生成博弈的效用函数可表示为

$$u_i = g_i - l_i = \frac{1}{m}\left\{\sum_{j\in\mathcal{V}, j\neq i}a_{ij}\left[2\delta(i,j)-1\right] - (|S_i|-1)\right\} \tag{2-7}$$

2.4.2　纳什均衡

为利用该模型进行社团发现,需要确保该博弈模型存在纳什均衡。因此,根据势能博弈的相关理论证明本章模型纳什均衡的存在。

定理 2.1　任何具有有限策略空间的势能博弈,都存在纳什均衡。

定理 2.2　满足以下势能函数的博弈是一个势能博弈:

$$\forall i \in [k], \quad \Phi(S) - \Phi(S_i', S_{-i}) = u_i(S_i', S_{-i}) - u_i(S) \tag{2-8}$$

根据定理2.1和定理2.2,要证明纳什均衡的存在,需要构造一个势能函数,使

其满足势能博弈式(2-8)的条件。

定义 2.4 若对任意的策略空间 S 和节点 v_i 的每个策略空间 S'_i,满足

$$\forall i \in [n], \quad f_i(S'_i, S_{-i}) - f_i(S) = \rho(f(S'_i, S_{-i}) - f(S)) \tag{2-9}$$

则称函数集 $\{f_i(\cdot) : 1 \leqslant i \leqslant n\}$ 是局部线性的,其中 $f(\cdot) = \sum\limits_{i=1}^{n} f_i(\cdot)$。

定理 2.3 令 $\{g_i(\cdot) : i \in [n]\}$ 和 $\{l_i(\cdot) : i \in [n]\}$ 为一个社团生成博弈的增益和代价函数集。如果 $\{g_i(\cdot)\}$ 和 $\{l_i(\cdot)\}$ 是线性因子,分别为 ρ_g 和 ρ_l 的局部线性函数,那么这个社团生成博弈为一个势能博弈。

证明 定义一个势能函数为 $\Phi(S) = \rho_l l(S) - \rho_g g(S)$。当节点 v_i 的策略由 S_i 变为 S'_i 时,可以得到 $\Phi(S) - \Phi(S'_i, S_{-i}) = u_i(S'_i, S_{-i}) - u_i(S)$。由定理 2.2 可知,这样的社团生成博弈即为一个势能博弈。

由此可见,证明本章所提博弈模型存在纳什均衡的问题,可以转化为证明增益函数和代价函数是局部线性的问题。根据已知条件,则有

$$g(S) - g(S'_i, S_{-i}) = \sum_{i \in \mathcal{V}} g_i(S) - \sum_{i \in \mathcal{V}} g_i(S'_i, S_{-i})$$

$$= g_i(S) - g_i(S'_i, S_{-i}) + \sum_{j \neq i, j \in \mathcal{V}} [g_j(S) - g_j(S'_i, S_{-i})] \tag{2-10}$$

为便于表述,不考虑常数 m,增益函数可表示为 $g_i = \sum\limits_{j \in \mathcal{V}, j \neq i} V_{ij}$。$V_{ij}$ 表示节点 v_i 和节点 v_j 之间的关系值,可能是正的(表示合作、友谊等积极关系)或负的(表示竞争、敌对等消极关系)。当节点 v_i 的策略由 S_i 变为 S'_i 时,其他节点之间的相互关系没有发生变化,而节点 v_i 与 v_j 之间的关系由 V_{ji} 变换为 V'_{ji}。那么,可以得到

$$\sum_{j \neq i, j \in \mathcal{V}} [g_j(S) - g_j(S'_i, S_{-i})] = \sum_{j \neq i, j \in \mathcal{V}} \left[\left(\sum_{k \neq i, k \neq j} V_{jk} + V_{ji} \right) - \left(\sum_{k \neq i, k \neq j} V_{jk} + V'_{ji} \right) \right]$$

$$= \sum_{j \neq i, j \in \mathcal{V}} (V_{ji} - V'_{ji}) \tag{2-11}$$

同理,可以得到

$$g_i(S) - g_i(S'_i, S_{-i}) = \sum_{j \neq i, j \in \mathcal{V}} (V_{ij} - V'_{ij}) \tag{2-12}$$

由于无向符号网络的对称性,$V_{ij} = V_{ji}$ 和 $V'_{ij} = V'_{ji}$。因此,根据式(2-10)~式(2-12),可以得到

$$g(S) - g(S'_i, S_{-i}) = 2[g_i(S) - g_i(S'_i, S_{-i})] \tag{2-13}$$

显然,该增益函数是一个线性因子为 $\dfrac{1}{2}$ 的局部线性函数。

另外,式(2-6)的代价函数是一个线性因子为 1 的局部线性函数。由此可见,本章所提博弈模型是一个势能函数为 $\Phi(S) = l(S) - 1/2 \cdot g(S)$ 的势能博弈。因

此，可以证明该模型存在局部纳什均衡。

　　为了更加直观地说明本章所提增益函数的局部线性特征，构造一个如图 2-1 所示的简单符号网络。该网络是一个无向的加权网络，包括 6 个节点 8 条边，其中 2 条为负边(虚线)，其他都为正边(实线)，权值 $a \sim h$ 均大于 0。为了了解节点采取不同操作时增益函数值的变化情况，采用式(2-5)计算图 2-1 的符号网络中节点 4 在不同动作下所有节点的增益函数值，结果如表 2-2 所示。

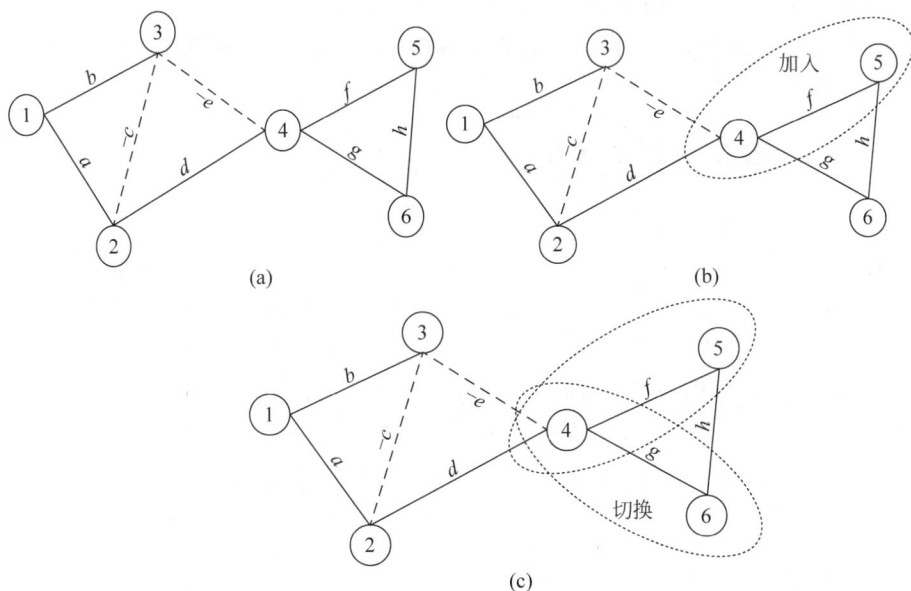

图 2-1　一个简单符号网络的博弈过程示意图

(a) 符号网络的初始状态图，每个节点都是一个单一社团；(b) 节点 4 执行加入操作，加入节点 5 所在社团；(c) 节点 4 执行切换操作，离开节点 5 所在社团，加入节点 6 所在社团

表 2-2　博弈过程中节点 4 的增益函数值变化情况

节点	初始状态	加入社团动作	离开社团动作	切换社团动作
1	$-a-b$	$-a-b$	$-a-b$	$-a-b$
2	$c-a-d$	$c-a-d$	$c-a-d$	$c-a-d$
3	$c+e-b$	$c+e-b$	$c+e-b$	$c+e-b$
4	$e-d-f-g$	$e+f-d-g$	$e-d-f-g$	$e-f-d+g$
5	$-f-h$	$f-h$	$-f-h$	$-f-h$
6	$-g-h$	$-g-h$	$-g-h$	$g-h$

　　当节点 4 执行加入操作，加入节点 5 所在的社团时，节点 4 的增益函数变化量为 $\Delta g_4 = g_4(S_4', S_{-4}) - g_4(S) = 2f$，所有节点增益函数总变化量为 $\Delta g = \sum_{i=1}^{6} \Delta g_i = 2\Delta g_4$。同样地，节点 4 离开节点 5 所在的社团时，节点 4 的增益函数变化量为

$\Delta g_4 = g_4(S'_4, S_{-4}) - g_4(S) = -2f$，所有节点增益函数总变量为 $\Delta g = \sum\limits_{i=1}^{6} \Delta g_i = 2\Delta g_4$。在切换操作中，这两个变化量分别是 $\Delta g_4 = g_4(S'_4, S_{-4}) - g_4(S) = 2g - 2f$ 和 $\Delta g = \sum\limits_{i=1}^{6} \Delta g_i = 2(2g - 2f) = 2\Delta g_4$。由此可见，在博弈过程中，节点 4 通过每次执行一个动作进行博弈，其增益函数值的变化量与全局增益函数值的变化量之间满足局部线性函数的条件。同理可证，本章所提增益函数在其他所有节点也有相同的特征。因此，本章提出的增益函数是局部线性函数，表明本章构造的社团生成博弈模型存在局部纳什均衡。

2.4.3 算法分析与优化

2.4.3.1 边最大化博弈算法

根据上文构建的社团生成博弈模型，本节设计了一种社团发现算法，称为边最大化博弈（a game-theoretic approach for community detection in signed network，EM-Game）算法，可用于符号网络中非重叠社团和重叠社团的划分。该算法在初始阶段，将每个节点作为独立的社团。然后，对随机选取的节点，基于式(2-5)的效用函数从加入、离开、切换操作中选择最优的策略。对所有的节点重复这个操作，直到最终达到局部纳什均衡状态。详细的算法流程见算法 2-1。

算法 2-1 EM-Game 算法

输入：网络 G 的邻接矩阵 A

输出：最终的社团划分结果 $\{C_1, C_2, \cdots, C_k\}$

1：初始化每个节点为独立的社团

2：计算每个节点的效用函数值

3：**While** not convergent **do**

4：   随机选取一个节点 v_i

5：   得到节点 v_i 分别执行加入、离开和切换操作的最佳策略

6：   根据效用函数值选择节点 v_i 的最佳操作

7：   对比节点 v_i 策略改变后的效用值 u'_i 与当前效用值 u_i

8：   **if** $u'_i > u_i$ **then**

9： $u_i \leftarrow u'_i$

10：   更新节点 v_i 的社团划分

11：   **end if**

12：**end while**

在算法 2-1 中，节点 v_i 可以选择加入新社团、离开当前所在社团和从一个社团切换到另一社团三种操作，并且在每个操作上的策略空间是有限的。因此，计算节点执行每个操作时的所有策略是可行的，然后选取每个操作中具有最大效用函

数值的决策作为该操作的最佳策略。详细的算法流程见算法 2-2。由于切换操作包括离开和加入操作的过程,本章只在算法 2-2 中列出了切换操作的详细步骤,加入和离开操作与算法 2-2 相似,未在文中列出。值得注意的是,这里将节点 v_i 与其邻居节点的综合效用函数值作为最佳策略的选取标准,而没有使用节点 v_i 的单独效用函数值。这与实际情况中个人利益与集体利益的相互依存关系是一致的。在博弈过程中,个体在追求自身利益最大化的同时会考虑其他个体的策略,尤其是与自己相邻或相关的个体的策略对自身利益的影响。因此,将综合效用函数值作为策略选取标准,会减少节点策略的重复执行,从而降低计算量,提高社团划分效率。

算法 2-2　切换社团操作

输入:随机选取一个节点 v_i

输出:最佳切换社团策略及其对应的综合效用函数值

1:计算当前综合效用函数值 u_{switch}

2:将与节点 v_i 在不同社团的邻居节点的社团作为待加入社团集 CV1

3:将节点 v_i 所在社团作为待离开社团集 CV2

4:**For** j in CV1 **do**

5:　**For** k in CV2 **do**

6:　　对节点 v_i 执行加入社团 C_j 操作

7:　　对节点 v_i 执行离开社团 C_k 操作

8:　　计算综合效用函数值 u'_{switch}

9:　　**if** $u'_{switch} > u_{switch}$ **then**

10:　　　$u_{switch} \leftarrow u'_{switch}$

11:　　　存储该策略

12:　　**end if**

13:　**end For**

14:**end For**

2.4.3.2　算法时间复杂度分析

根据式(2-5)可知,计算节点的效用函数值需要常数量级的时间。从算法 2-1 可以看出,算法的复杂度主要集中在节点的策略选择中。在节点的加入社团决策中,节点会选择自己的邻居节点所在的社团。若记 N_i 为节点 v_i 的邻居的集合,$S(N_i) = \bigcup_{j \in N_i} S_j$ 为节点 v_i 的邻居所归属社团的集合,则加入操作需要的时间为 $O(|S(N_i)|)$。对于离开社团行为,节点 v_i 可以离开的社团数为其所归属的社团数,即 $|S_i|$。切换操作包括离开社团和加入社团两个步骤,因此,执行切换操作的时间为 $O(|S_i| \cdot |S(N_i)|)$。所以,该算法总的时间复杂度为 $O(|S_i|^2 \cdot |S(N_i)|^2)$。对于非重叠社团来说,由于 $|S_i|=1$,$|S(N_i)|$ 为节点 v_i 的度,记为 d_i,则算法的总运行时间为 $O(d_i^2)$。

2.4.3.3　算法优化

分析算法 2-2 发现,在切换操作中,节点的待加入社团数为与其不在同一社团的邻居节点所归属的社团数,当节点数较多时,该待加入社团数将会很大,这是影响算法运行效率的主要因素。因此,对其进行优化,将上述待加入社团中具有最多节点的社团作为最终的待加入社团,这样将大大减少计算量,同时这也与实际网络中个体的从众效应一致。

2.5　实验

为充分验证本章所提出的符号网络社团发现算法——EM-Game 算法的性能,在真实数据集和人工数据集上进行大量的实验。本节,首先对数据集和对比算法进行介绍,然后给出 EM-Game 算法分别在非重叠社团和重叠社团上的性能。

2.5.1　数据集与对比算法

在实验中,使用了 5 个标准数据集,包括 2 个示例性的符号网络数据集和 3 个真实符号网络数据集。2 个示例性数据集出自文献[7],包括 28 个节点,其原始拓扑结构图如图 2-2 所示。由图 2-2 可见,两个网络的区别在于图 2-2(b)比图 2-2(a)多了 7 条负边。3 个真实数据集分别是斯洛文尼亚(Slovakia)议会政党(Slovene)网络、GGS(Gahuku-Gama Subtribes)网络和美国高等法院(United States courts, USC)网络。Slovene 网络描述了 1994 年斯洛文尼亚议会中 10 个政党之间的关系,其网络结构图如图 2-3(a)所示,正边表示两个政党之间的活动比较相似,负边表示活动不相似。GGS 网络来自 1954 年新几内亚高地的 16 个部落之间的关系,正负边分别表示两个部落之间的联盟和敌对关系,其原始网络结构图如图 2-4(a)所示。USC 网络是关于 2006—2007 年美国最高法院中 9 个法官投票行为的关系网络,关于网络的详细信息参见文献[17],其网络结构图如图 2-5(a)所示。

真实符号网络数据集的节点数目较少,社团结构较简单。为了更充分地验证本章算法的性能,需要在人工数据集上进行实验,其中最著名的是 LFR (Lancichinetti-Fortunato-Radicchi)人工数据集生成器,其能够根据实验需要,生成具有非重叠社团结构和重叠社团结构的网络。但是,LFR 生成器只能生成非符号网络数据,为得到人工符号网络数据集,可以参照文献[18]的方法对 LFR 人工网络生成器进行修改,引入 P_+、P_- 两个参数来控制社团间正边和社团内负边出现的概率。这两个参数可以用来控制网络的社团结构强度,值越大社团强度越弱,反之值越小社团强度越强。由该生成器生成的人工合成符号网络记为 SLFR $(N,k,\max_k,\min_c,\max_c,t_1,t_2,o_n,o_m,\mu,P_+,P_-)$。其中,$N$ 表示节点数;k 表示节点平均度;$\max_k$ 表示节点最大度;$\min_c$ 和 $\max_c$ 分别表示社团的最小和最大成员数量;t_1 和 t_2 分别表示节点度分布和社团大小分布的负指数;o_n 和 o_m 分

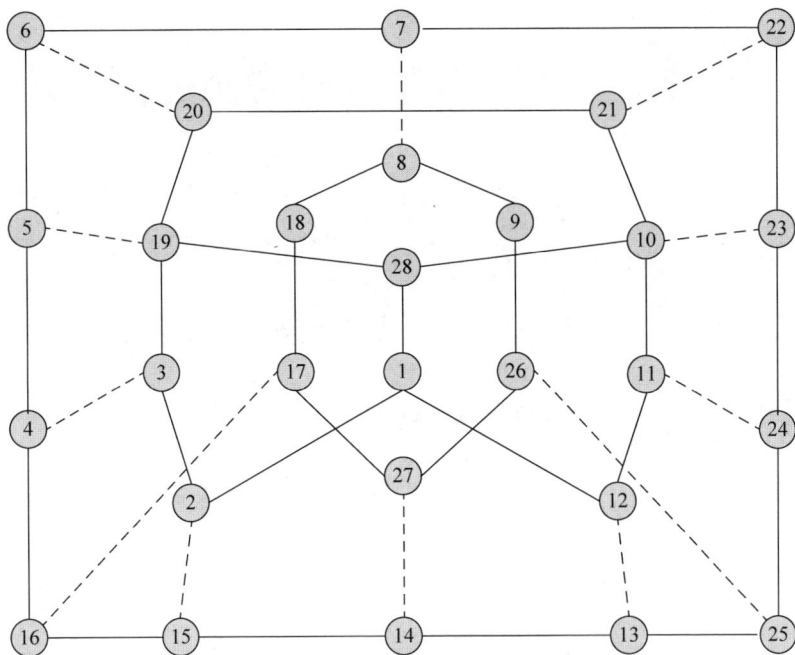

(a)

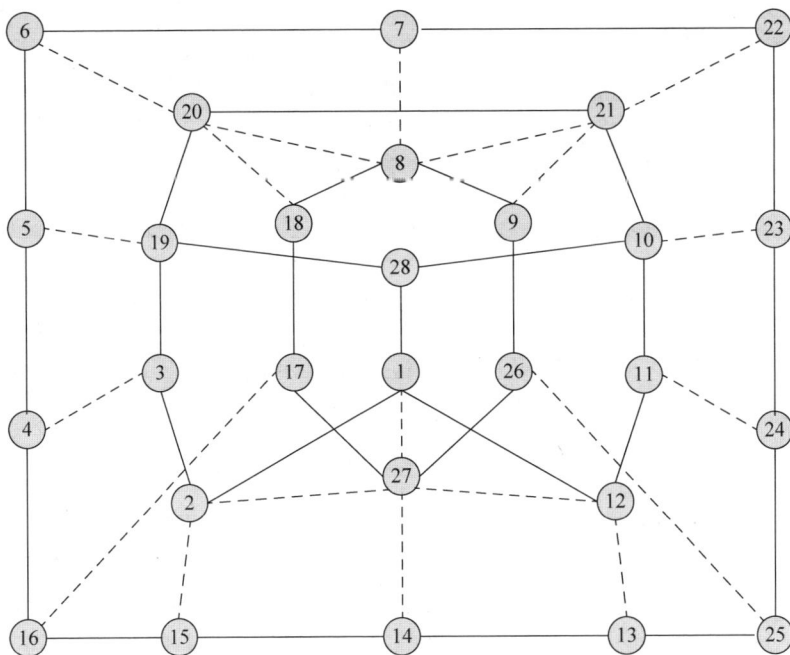

(b)

图 2-2 两个示例性符号网络数据集的原始拓扑结构图

注：实线表示正边，虚线表示负边。

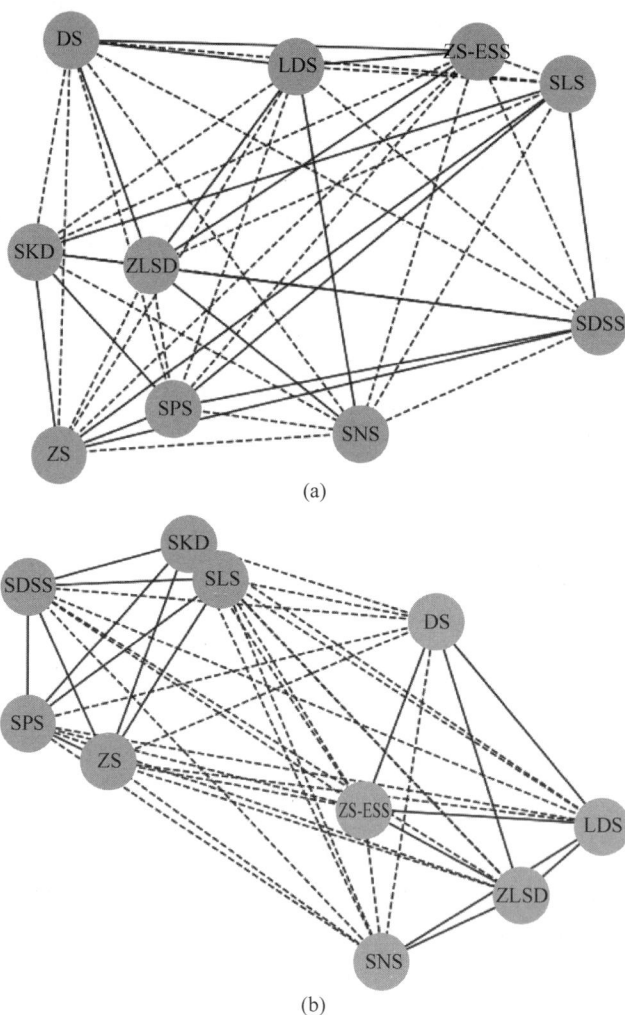

图 2-3　Slovene 网络（见文后彩图）

（a）网络拓扑图；（b）社团划分结构图

别表示重叠节点的数目和重叠节点归属社团的个数；μ 是社团结构指示参数，其值越大，社团结构越模糊。

作为对比，下面从三种研究思路中分别选择一个性能较好的经典符号网络社团发现算法，分别是 Res-NMTF 算法、FEC 算法和符号谱聚类（spectral analysis of signed graphs for clustering，SSC）算法。Res-NMTF 算法利用 NMF 在分类中的优良效果，综合考虑正、负边的相互作用，引入正则化和稀疏约束，强化负边在符号网络中的作用，将符号网络映射到低维空间，在新空间中进行社团发现。FEC 算法包括两个步骤：第一步是 FC 阶段，首先计算每个节点的转移概率，然后根据概率值对节点进行排序；第二步是 EC 阶段，设置截断规则将邻接矩阵分为两个块状

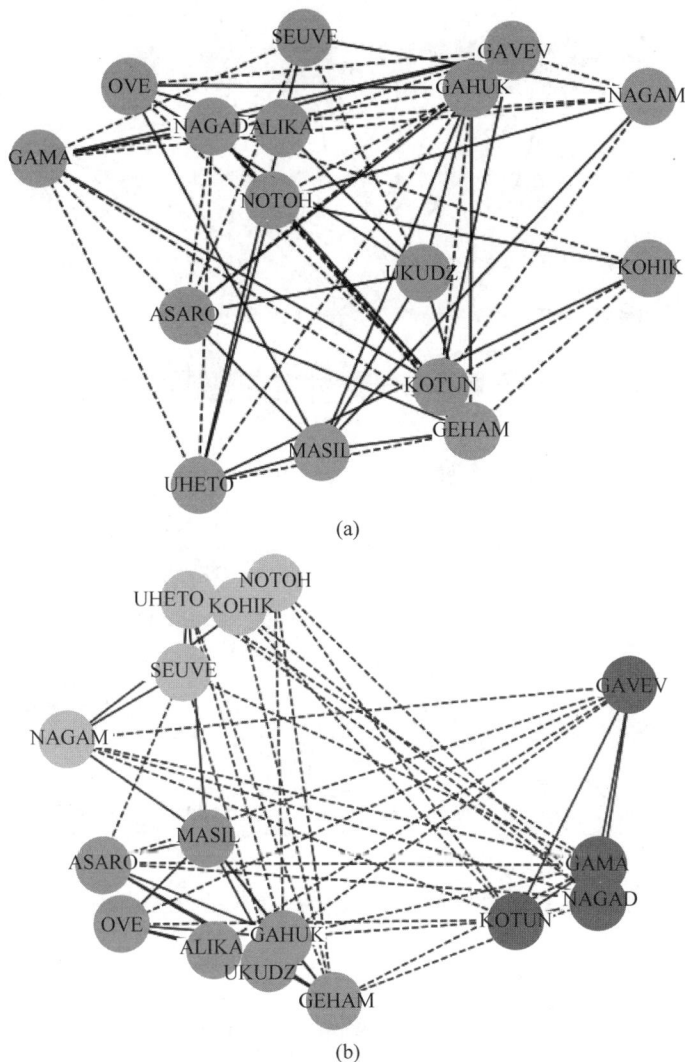

(a)

(b)

图 2-4 GGS 网络(见文后彩图)

(a) 网络拓扑图;(b) 社团划分结构图

矩阵,其中一个对应识别的社团,另一个用于递归处理。SSC 算法是对谱聚类算法的扩展,根据拉普拉斯矩阵构造符号拉普拉斯矩阵,求该矩阵的前 k 个最小特征值对应的特征向量,然后利用 k-means 聚类方法进行聚类,实现社团发现。

在评价算法的性能时,本章选取符号模块度 Q_s、NMI、ACC、purity 和 ONMI 等几个指标。

2.5.2 真实数据集性能分析

在如图 2-2 所示的示例性符号网络中,使用 EM-Game 算法进行社团划分,两

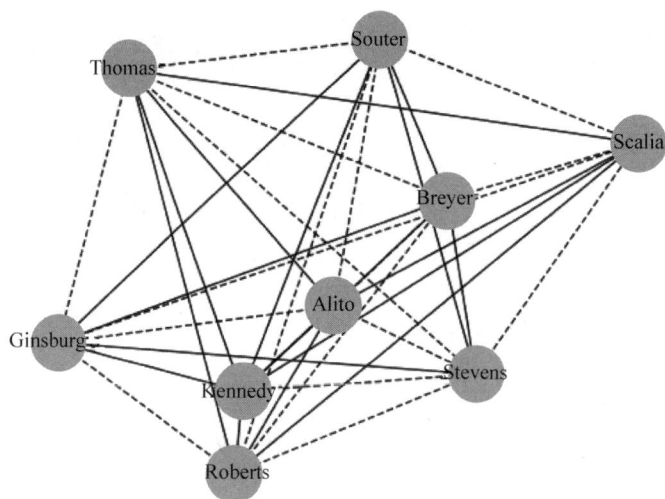

(a)

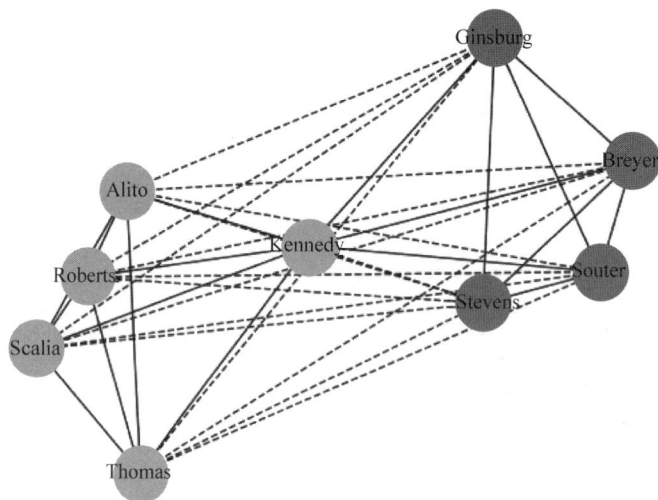

(b)

图 2-5　USC 网络(见文后彩图)

(a) 网络拓扑图；(b) 社团划分结构图

个网络都被划分为三个社团,社团划分结果如图 2-6 所示。EM-Game 算法在两个网络中得到的社团划分都具有可划分性,即社团内部全是正边、社团之间全是负边。根据文献[7]所述,这两个网络都是可划分网络,而图 2-6(b)网络是不平衡的。因此,无论网络是否平衡,EM-Game 算法都能够正确地进行网络的社团划分。

　　为验证 EM-Game 算法在真实符号网络中的社团划分效果,首先将其用于Slovene 议会政党网络中,得到如图 2-3(b)所示的社团划分结果。算法将 10 个政党划分为两个社团,这与给出的实际社团划分情况完全一致。算法得到的社团发现评价指标 ACC 和 NMI 都为 1。另外,对 USC 网络进行社团发现,其社团划分结

(a)

(b)

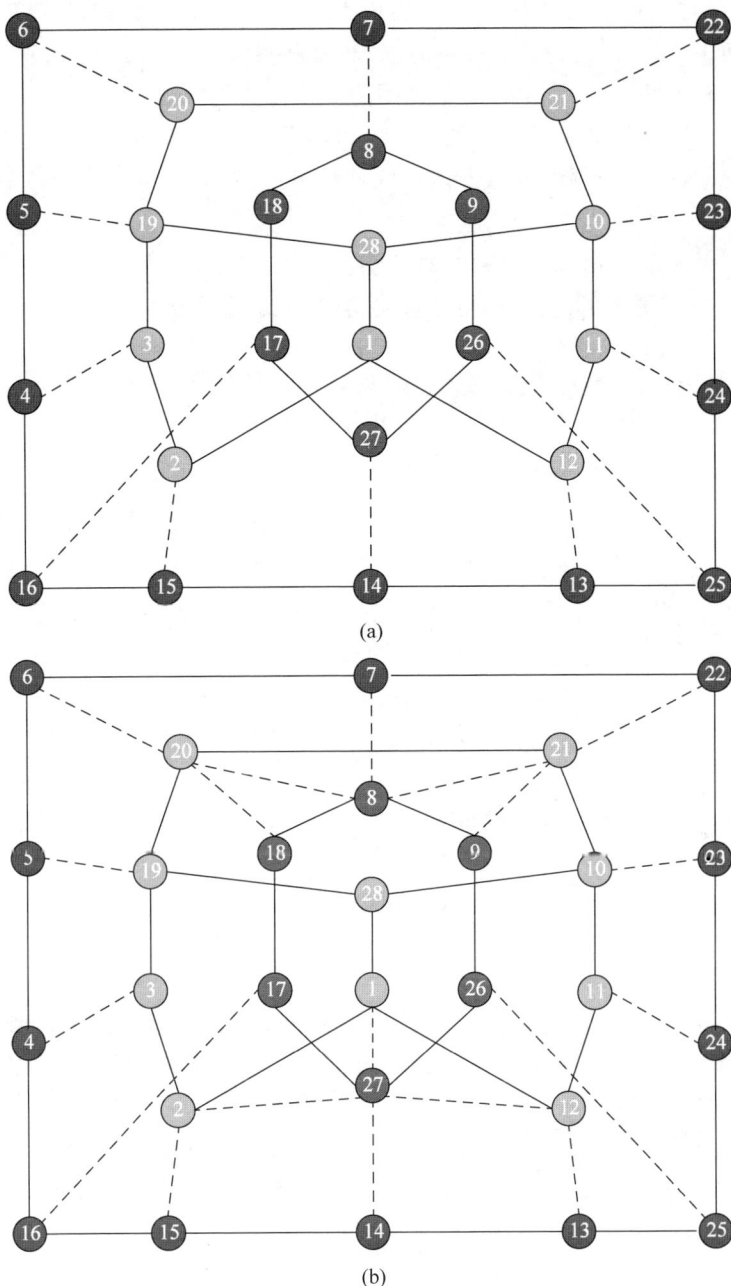

图 2-6　两个示例性符号网络数据集的社团划分结果

果如图 2-5(b)所示。该网络包括 9 个法官,算法将其划分为 2 个阵营,分别是保守派 C1={Ginsburg, Souter, Breyer, Stevens} 和自由派 C2={Alito, Kennedy, Roberts, Scalia, Thomas}。其中,对于 Kennedy 的划分最为困难,因为他与 C1 和

C2 中的成员之间都存在正连接。但是,由于 Kennedy 与 C2 中的正连接有 4 条,而与 C1 只有 3 条,且存在一条负连接,所以算法将其划分到 C2 中。USC 网络有两种划分:2 个社团和 3 个社团。2 个社团的划分与我们算法得到的划分完全一致。3 个社团的情况是将 Kennedy 单独作为一个社团。从博弈论的角度分析,作为理性的参与者,Kennedy 选择自成一派的收益是最小的,因此正如 EM-Game 算法得到的结果所示,他会选择加入自由派 C2。

为进一步验证 EM-Game 算法的性能,选取比 Slovene 网络和 USC 网络的节点和社团个数都更多的 GGS 网络进行实验,社团划分结果如图 2-4(b)所示。GGS 网络被划分为 3 个社团,这与实际结果完全一致。

2.5.3 人工数据集性能分析

为了在人工数据集上验证本章算法的性能,首先对 LFR 生成的无符号网络进行改造,生成符号网络。具体方法为,在保证社团结构不变的情况下,在 LFR 网络中随机选择一些归属于不同社团的节点对,将其正边改为负边;在社团内部增加少量的负边作为噪声,检测算法的效果。通过这种方法,得到 4 个符号网络,其详细的统计信息见表 2-3。

表 2-3 人工符号网络数据集的统计信息

数据集	节点数	正边数	负边数	社团个数
Network1	500	1 434	152	12
Network2	1 000	7 003	689	28
Network3	1 000	3 146	319	36
Network4	2 500	11 392	1 190	59

在这 4 个人工符号网络中,分别采用四种算法进行社团发现,得到的实验结果如图 2-7 所示。由图 2-7 可见,在所有网络中,本章所提的算法在所有评价指标上都取得了最优的社团划分结果,次优的 Res-NMTF 方法在 ACC、NMI、Q_s、purity 这 4 个指标上分别平均提高 18%、11%、33%、10%。

为考察网络的社团结构强度、社团内负边数、社团间正边数对社团发现算法的影响,使用 SLFR 生成器生成大量人工符号网络数据集。这些数据的基本参数设置为:节点数 N 为 500,k 和 $\max_k$ 分别为 15 和 50,$\min_c$ 和 $\max_c$ 分别为 20 和 50,t_1 和 t_2 分别为 2 和 1。为全面系统地测试算法性能,μ 在 0.1~0.5,间隔 0.1 取 5 个值。对于每个 μ,生成 P_+ 和 P_- 取值在 0~0.8,间隔为 0.2 的各 5 个网络。对每个网络分别使用 EM-Game 算法进行社团发现,得到的结果如图 2-8 所示。由图 2-8 可见,在表征算法性能的所有指标中,算法性能对 P_- 都非常敏感,随着 P_- 的增加,尤其是在 P_- 大于 0.5 之后,算法性能急剧下降。尽管如此,当 P_- 的噪声级别达到 0.5 时,EM-Game 算法也有不错的社团发现性能,准确率能达到 70% 左

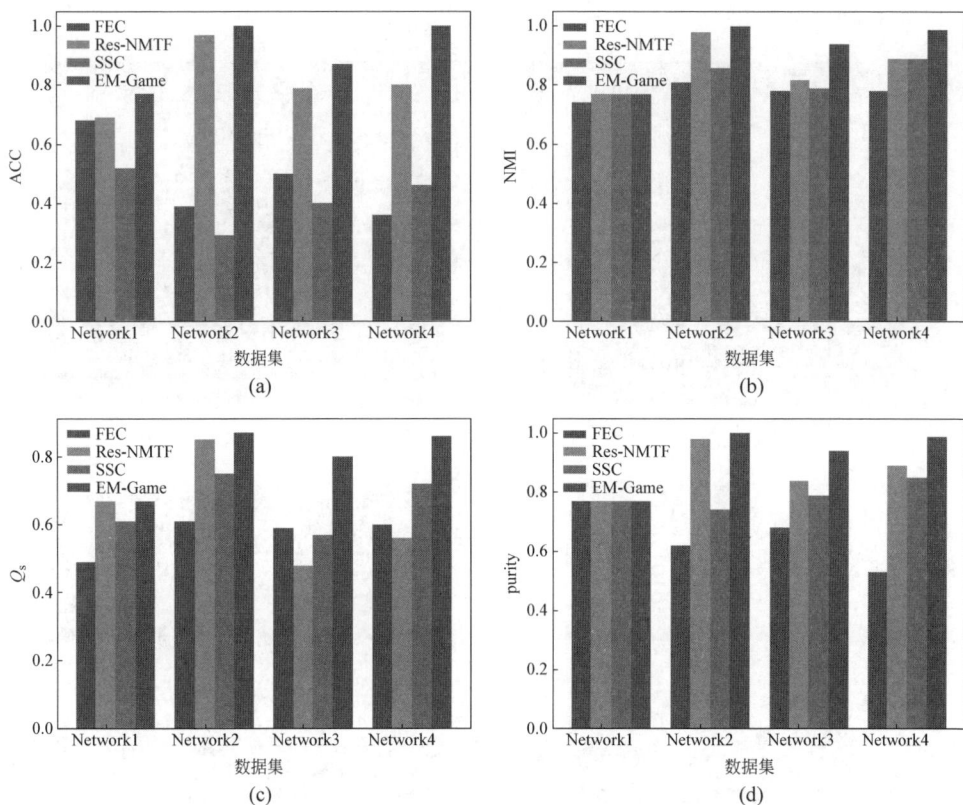

图 2-7 在 4 个人工符号网络上的社团发现性能对比(见文后彩图)

(a) ACC; (b) NMI; (c) Q_s; (d) purity

右。随着 μ 的增加,P_+ 对算法性能的影响也逐渐显现,在 P_+ 大于 0.5 之后算法的性能出现较为明显的下降,这一特征在 ACC 指标上表现得尤为明显。对于符号模块度指标而言,其随着 μ 的增加而减小,社团结构强度逐渐减弱,当 μ 固定时,Q_s 的变化与 P_- 的大小密切相关,而与 P_+ 的关系不大,随着 P_- 的增加,Q_s 逐渐减小。尽管 μ 和 P_- 对本章算法性能有明显的影响,但是从图 2-8 中可以发现,在 $P_- \leqslant 0.2$ 和 $P_+ \leqslant 0.5$ 的区域,算法在 μ 的任何取值范围内都有较好的性能表现,如 ACC 指标都能达到 70% 以上,NMI 和 purity 指标几乎都在 80% 以上,另外,Q_s 也都大于 0.3,说明算法检测具有较强的社团特征。

为比较其他算法随符号网络的 μ,P_+,P_- 参数变化时的性能,在上述生成的人工符号网络中,对 FEC、Res-NMTF 和 SSC 算法进行实验,并与 EM-Game 算法的性能进行对比,得到的结果如图 2-9 所示。由图 2-8 可见,算法对 P_- 比较敏感,因此,固定 P_- 和 μ,对算法的 NMI 值随 P_+ 的变化情况进行比较。另外,由图 2-8 可见,当 $P_- = 0.8$ 时,算法的性能变得较差,所以在对比实验中只对 $P_- = 0, 0.2$,0.4,0.6 的情况进行分析。分析图 2-9 结果可以发现,EM-Game 算法在绝大部

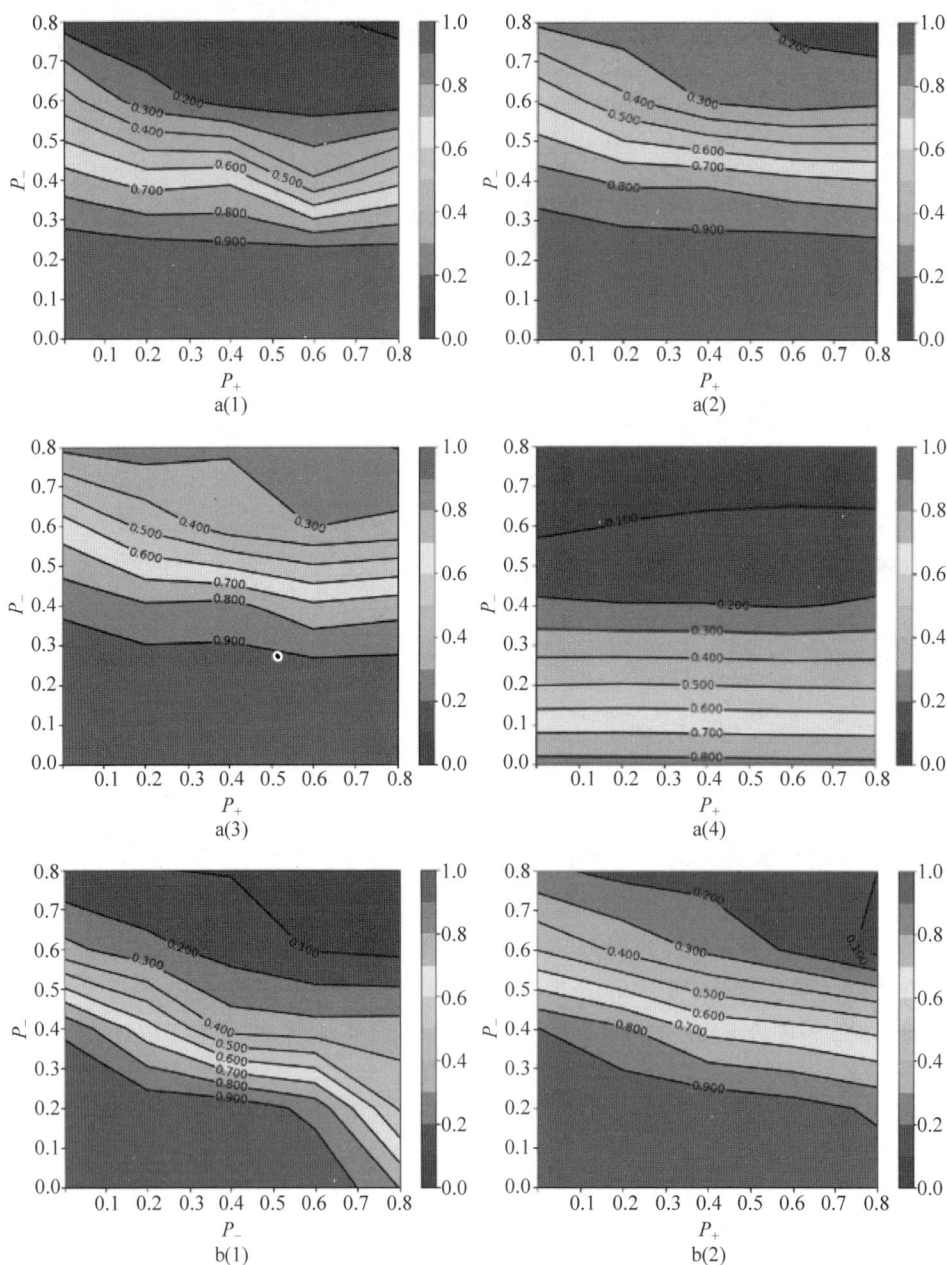

图 2-8　EM-Game 算法的社团发现性能(见文后彩图)

图中数字 1、2、3、4 分别代表 ACC、NMI、purity 和 Q_s 性能指标,字母 a、b、c、d、e 分别对应 μ＝0.1,0.2,0.3,0.4,0.5 的网络。

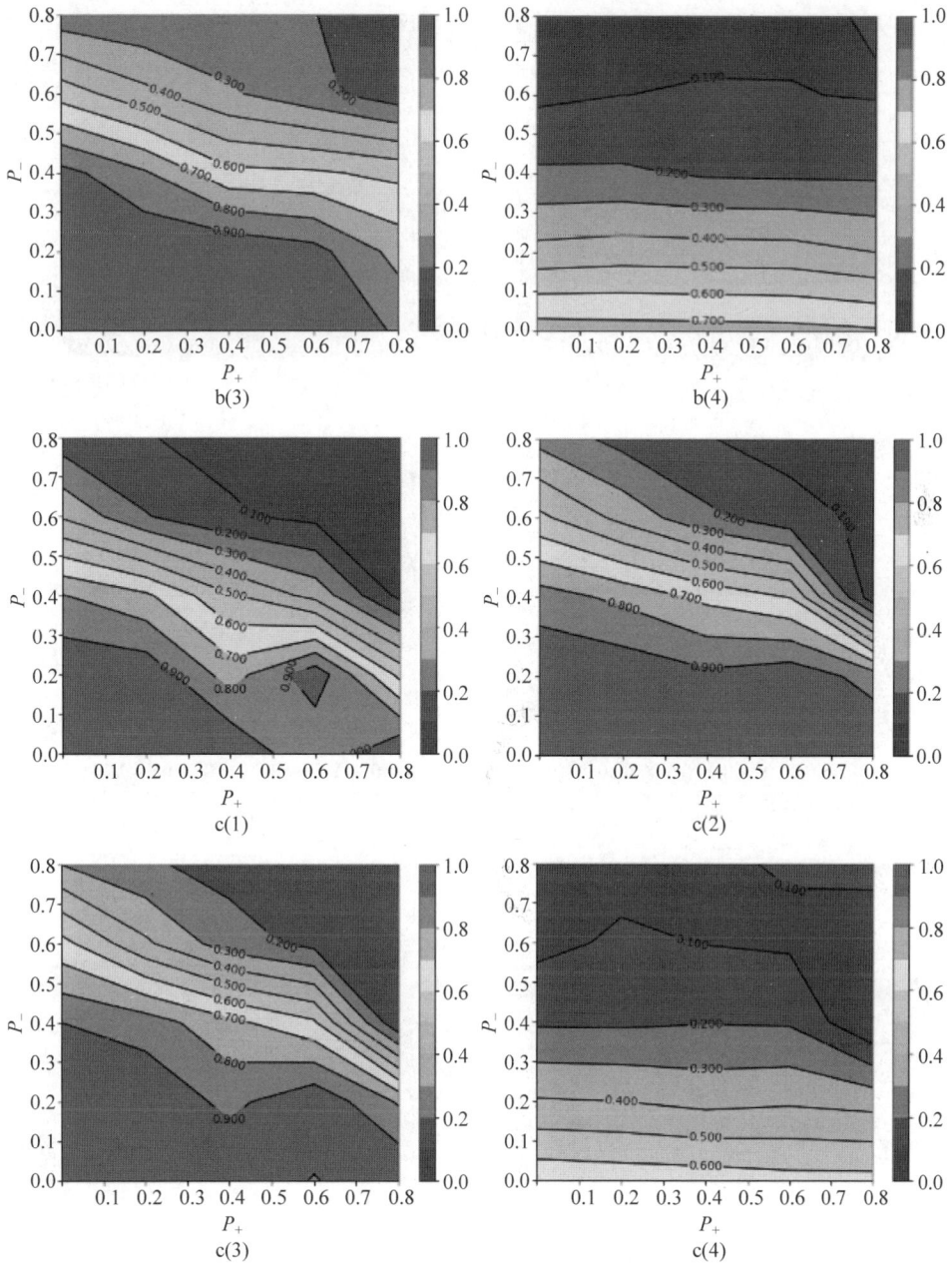

图 2-8　（续）（见文后彩图）

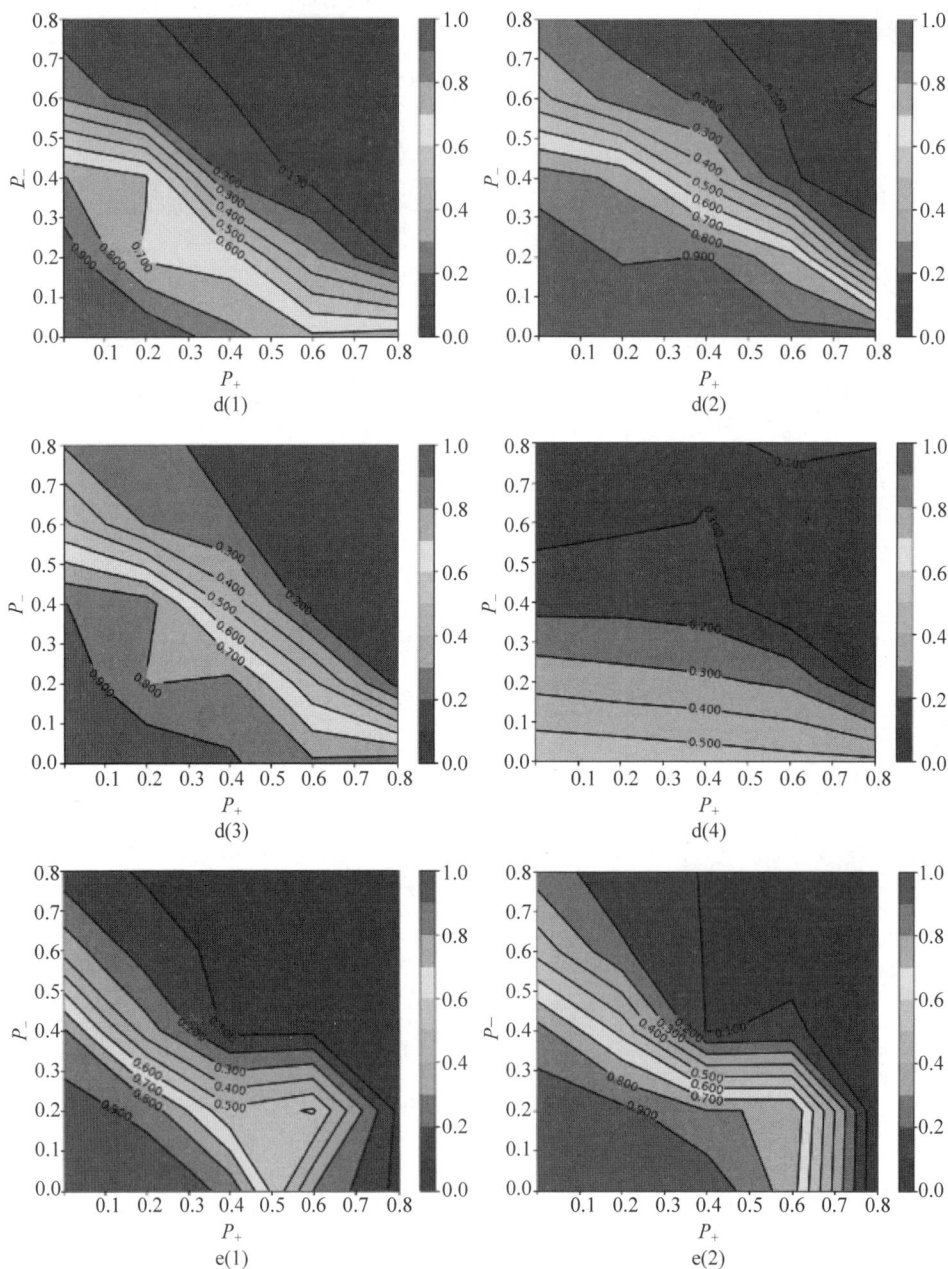

图 2-8　（续）（见文后彩图）

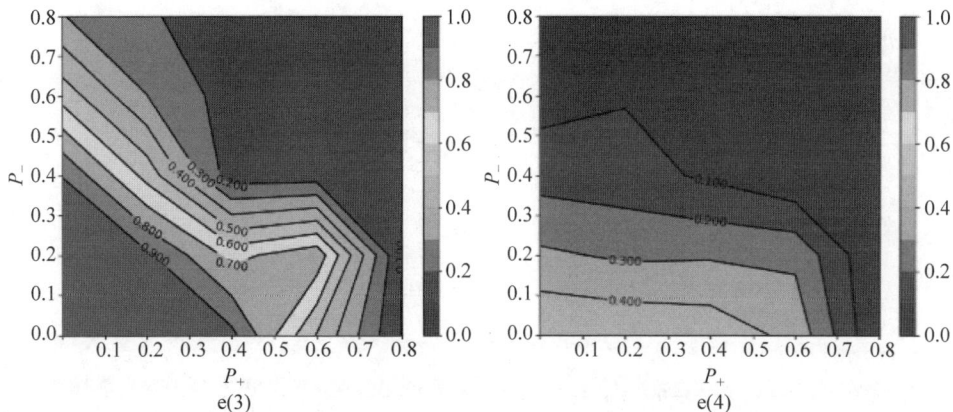

e(3)　　　　　　　　　　　　e(4)

图 2-8　（续）（见文后彩图）

情况下有很好的性能，尤其是当 $P_-\leqslant0.4$ 时，除个别情况，如 $\mu=0.3$，$P_+=0.8$ 等外，其他条件下都优于其他算法。随着 P_- 的增大，EM-Game 算法的性能随 P_+ 的增大而减弱的特征逐渐明显。值得注意的是，当 $P_-=0.6$ 时，EM-Game 算法的性能减弱，尤其是当 $P_+>0.4$ 时，EM-Game 算法的 NMI 性能指标甚至小于其他几种算法。然而，在 $P_+\leqslant0.4$ 的情况下，EM-Game 算法优于其他所有的算法。在这几种算法中，Res-NMTF 算法是次优的算法，其性能随着 μ 和 P_- 的增加而减弱，并且对 P_- 的变化非常明显，随着 P_- 的增大，算法性能急剧下降。但是，Res-NMTF 算法对 P_+ 的变化不敏感，随着 P_+ 的变化其 NMI 值保持较稳定的状态。另外，SSC 算法也具有这个特征，尤其是在 P_- 较大的情况下，其 NMI 随 P_+ 的变化不明显，但性能较差。与此相反，FEC 算法对 P_+ 的变化极其敏感，当 P_+

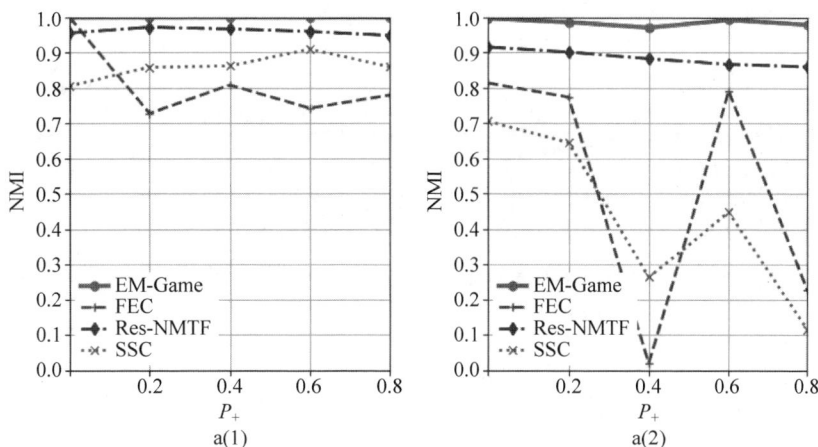

a(1)　　　　　　　　　　　　a(2)

图 2-9　社团发现算法在 NMI 指标上的性能比较

图中数字 1、2、3、4 分别代表 $P_-=0,0.2,0.4,0.6$，字母 a、b、c、d、e 分别对应 $\mu=0.1,0.2,0.3,0.4,0.5$ 的网络。

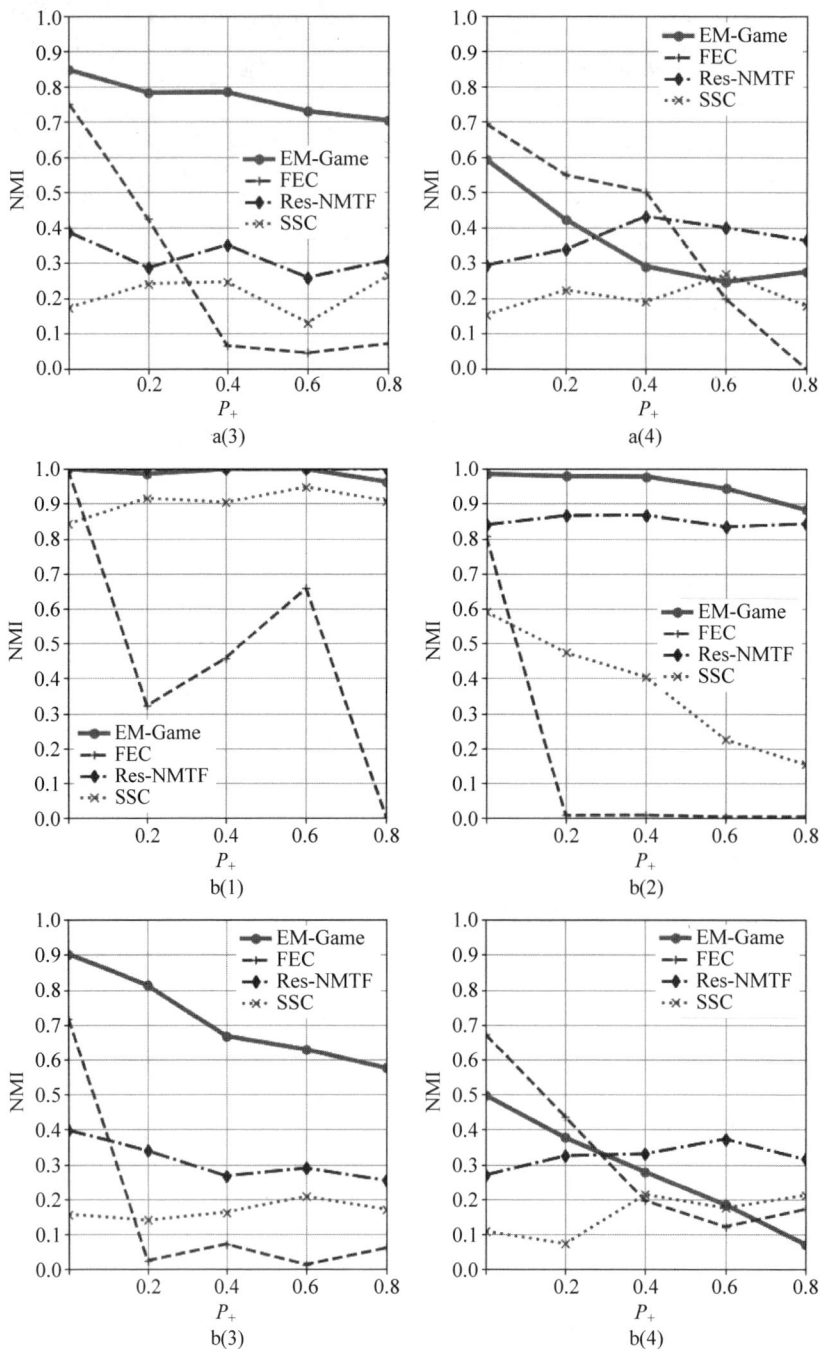

图 2-9 （续）

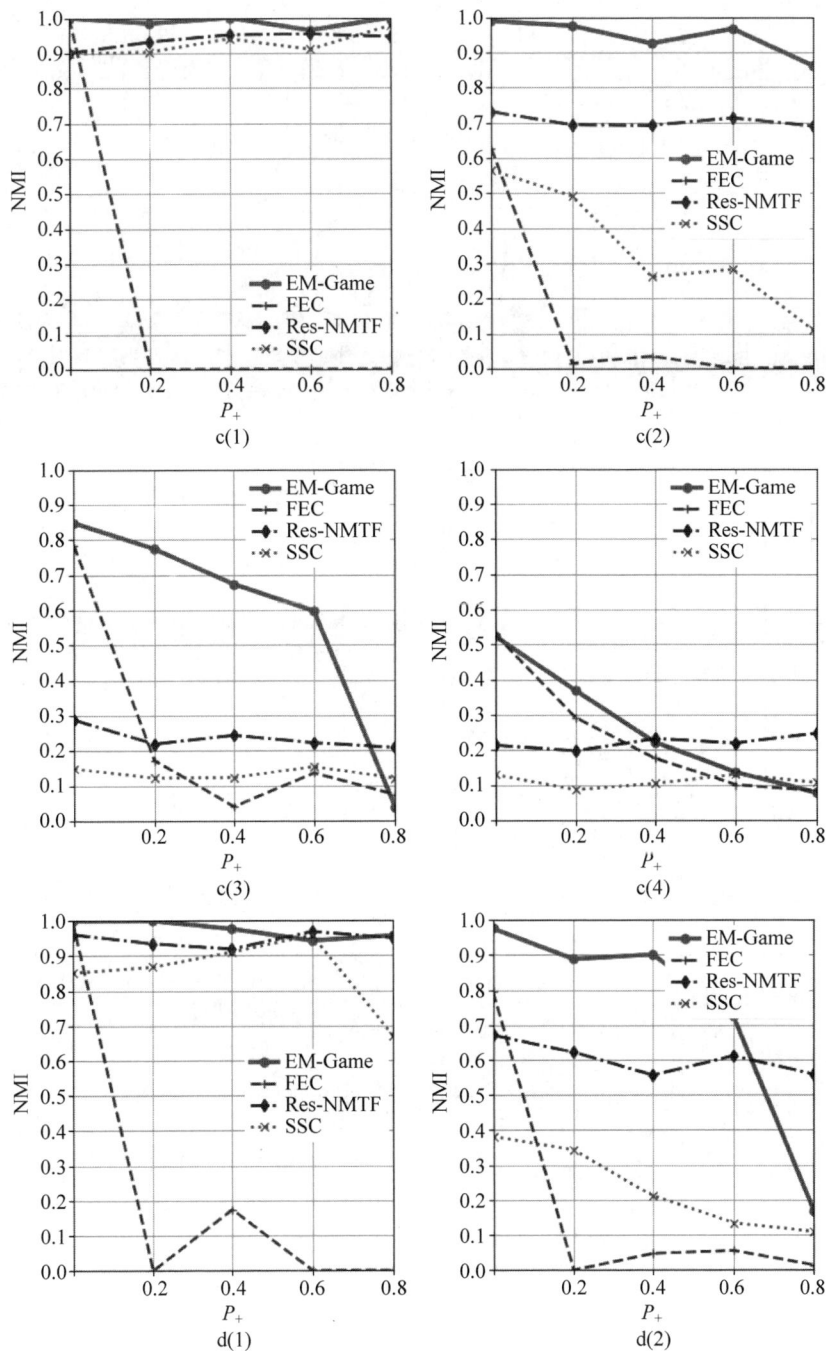

图 2-9 （续）

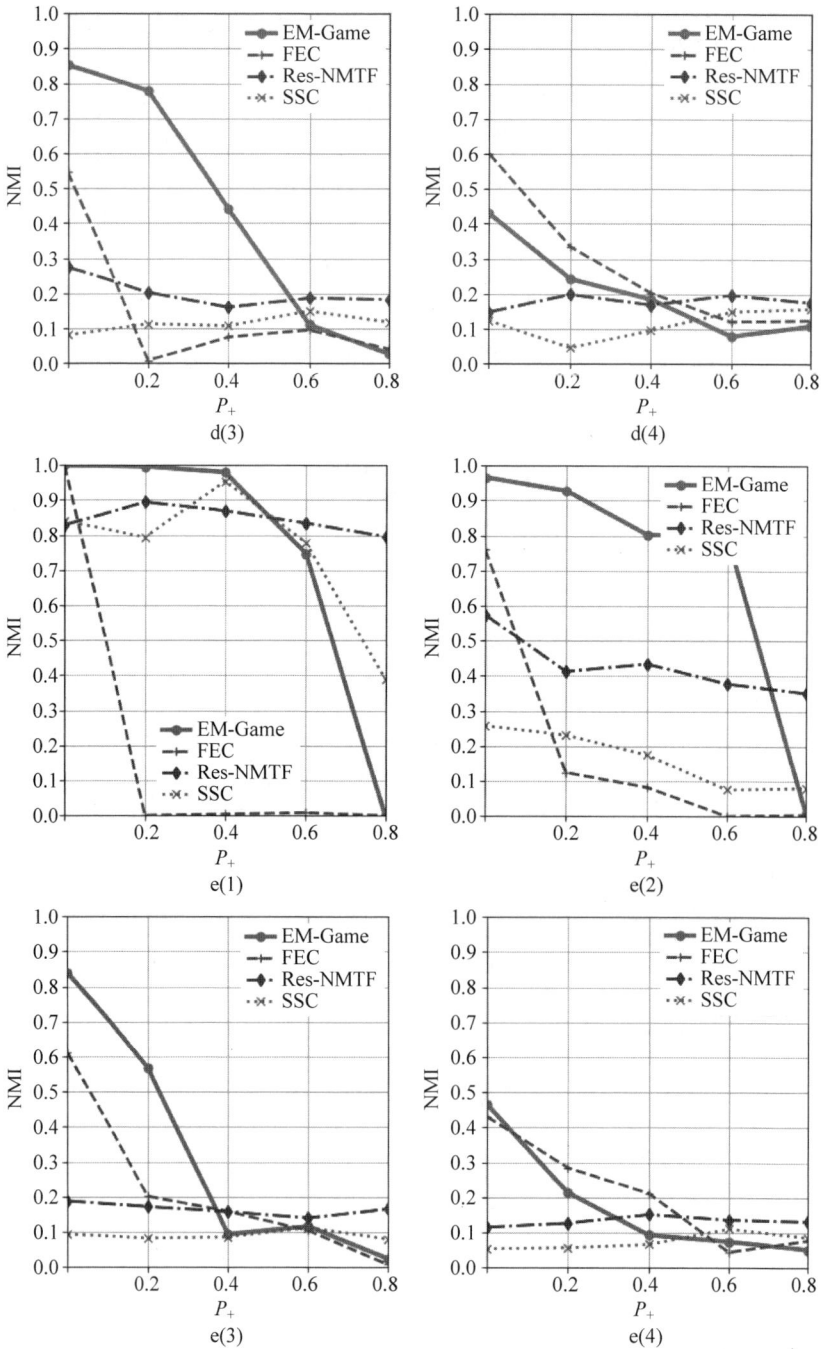

图 2-9 （续）

增大时,性能剧烈下降。但是,当 $P_+ = 0$ 时,FEC 算法在所有情况下都有不错的社团划分效果,甚至在 $P_- = 0.6$ 的情况下,该算法的 NMI 指标超过了 EM-Game 算法。

2.5.4 算法运行效率分析

为检验 EM-Game 算法的运行效率,设置 SLFR 生成器的参数分别为 $\mu = 0.1$、$P_+ = 0$、$P_- = 0$,生成不同规模的符号网络,对 EM-Game 算法优化前后的运行效率进行对比分析,得到的结果如图 2-10 所示。由图 2-10 可见,优化后算法的运行效率得到了显著的改善,尤其是随着节点数的增加,算法运行速度的提高越来越明显。

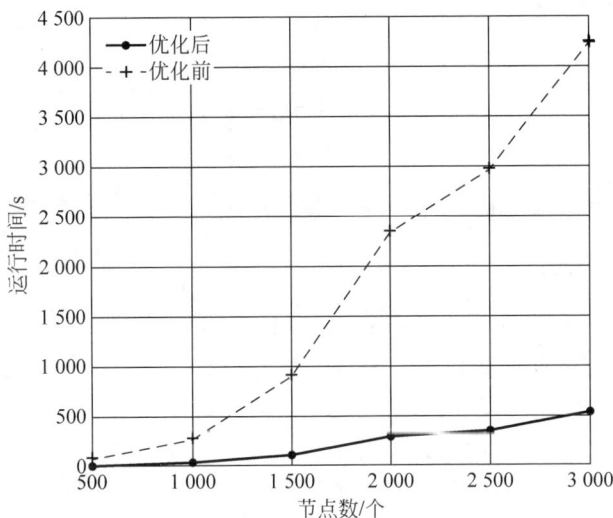

图 2-10　EM-Game 算法优化前后运行时间对比

另外,对比算法优化前后的社团划分准确度指标发现,优化后的算法在运行效率提升的同时获得了与优化前几乎相当的准确度(图 2-11(a))。图 2-11 描述了节点数为 1 000 的网络在不同噪声情况下社团划分性能随 μ 的变化情况。由图 2-11 可见,优化后的算法仅在社团结构模糊后(图 2-11(a),当 $\mu = 0.5$ 时)或噪声增大后稍有下降(图 2-11(a),当 $P_+ = 0.2$,$P_- = 0.2$ 时),但性能减弱的幅度很小,与算法优化后带来的运算速度的提升相比显得微不足道(图 2-12(b))。图 2-11(b)分析了在不同噪声情况下 EM-Game 算法优化前后的运行时间随社团结构强度指标 μ 的变化情况。由图 2-11(b)可见,优化前算法的运行时间随着 μ 的增大呈非常明显的增加趋势,并且随着社团内和社团间噪声的增加而变大。与之相比较,可以发现优化后算法的运行时间随社团结构模糊程度的增加而稍有增大,但变化不明显,并且网络中噪声对优化后算法的运行效率影响也相对减弱。

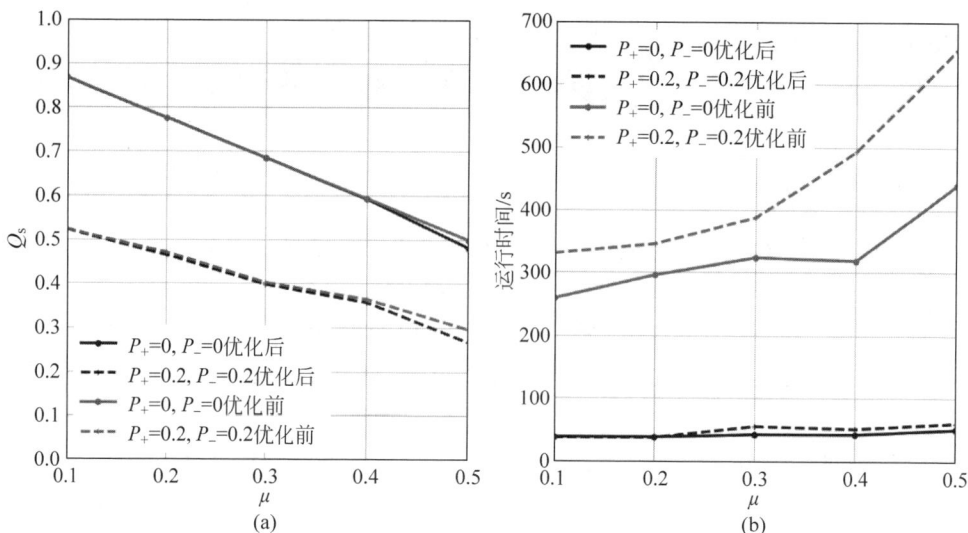

图 2-11　EM-Game 算法优化前后的性能对比（见文后彩图）

(a) 符号模块度 Q_s 指标；(b) 运行时间

2.6　本章小结

本章提出了一种基于博弈论的符号网络社团发现模型，构造了一个综合考虑社团内外正、负边数的适用于符号网络的社团发现算法——EM-Game 算法。该模型充分体现了用简单模型解决复杂问题的思路，只考虑了符号网络中的正负边数，但取得了卓越的社团划分性能。该算法既可以进行非重叠社团的发现，也能在不改变模型及任何参数的情况下用于重叠社团的识别。另外，该方法不需要任何关于社团的先验信息，如社团个数等作为算法的输入，有效地解决了绪论中所述符号网络中社团发现面临参数选择困难和难以进行重叠社团发现等挑战的难题。大量的实验表明，本章所提的算法能够准确地检测出符号网络中的社团结构，而且具有较强的抗噪声能力。

参考文献

[1] KUNEGIS J,PREUSSE J,SCHWAGEREIT F,et al. What is the added value of negative links in online social networks[C]//Proceedings of the 22nd International World Wide Web Conferences,Rio de Janeiro,2013：727-736.

[2] CHANG C S,LEE D S,LIOU L H,et al. Community detection in signed networks：an error-correcting code approach[C]//2017 IEEE SmartWorld, Ubiquitous Intelligence & Computing, Advanced & Trusted Computed, Scalable Computing & Communications, Cloud & Big Data Computing,Internet of People and Smart City Innovation (SmartWorld/SCALCOM/UIC/ATC/CBDCom/IOP/SCI),San Francisco,2017：1-8.

[3] CHEN J, ZHANG L, LIU W, et al. Community detection in signed networks based on discrete-time model[J]. Chinese physics B, 2017, 26(1): 574-583.

[4] ZHAO X, YANG B, LIU X, et al. Statistical inference for community detection in signed networks[J]. Physical review E, 2017, 95(4): 1-8.

[5] LI Z, CHEN J, FU Y, et al. Community detection based on regularized semi-nonnegative matrix tri-factorization in signed networks[J]. Mobile networks & applications, 2017(2): 1-9.

[6] GIRDHAR N, BHARADWAJ K K. Community detection in signed social networks using multiobjective genetic algorithm[J]. Journal of the association for information science and technology, 2019, 70(8): 788-804.

[7] YANG B, CHEUNG W, LIU J. Community mining from signed social networks[J]. IEEE transactions on knowledge & data engineering, 2007, 19(10): 1333-1348.

[8] LI X, CHEN H, LI S. Exploiting emotions in social interactions to detect online social communities[C]//Pacific Asia Conf on Information Systems, Taipei, 2010: 1426-1437.

[9] SHARMA T, CHARLS A, SINGH P K. Community mining in signed social networks-an automated approach [C]//International Conference on Computer Engineering and Applications, Manila, 2009: 163-168.

[10] GÓMEZ S, JENSEN P, ARENAS A. Analysis of community structure in networks of correlated data[J]. Physical review E, 2009, 80(1): 016114.

[11] ANCHURI P, MAGDONISMAIL M. Communities and balance in signed networks: a spectral approach[C]//2012 IEEE/ACM International Conference on Advances in Social Networks Analysis and Mining, Istanbul, 2012: 235-242.

[12] KUNEGIS J, SCHMIDT S, LOMMATZSCH A, et al. Spectral analysis of signed graphs for clustering, prediction and visualization [C]//Proceedings of the 2010 SIAM International Conference on Data Mining. Society for Industrial and Applied Mathematics, 2010: 559-570.

[13] CHEN W, LIU Z, SUN X, et al. A game-theoretic framework to identify overlapping communities in social networks[J]. Data mining and knowledge discovery, 2010, 21(2): 224-240.

[14] ALVARI H, HASHEMI S, HAMZEH A. Discovering overlapping communities in social networks: a novel game-theoretic approach [J]. AI communications, 2013, 26 (2): 161 177.

[15] LUNG R I, GOG A, CHIRA C. A game theoretic approach to community detection in social networks[C]//PELTA D A, KRASNOGOR N, DUMITRESCU D, et al. Nature inspired cooperative strategies for optimization (NICSO 2011). Berlin: Springer, 2011: 121-131.

[16] CHOPADE P, ZHAN J. A framework for community detection in large networks using game-theoretic modeling[J]. IEEE transactions on big data, 2016, 3(3): 276-288.

[17] DOREIAN P, MRVAR A. Partitioning signed social networks[J]. Social Networks, 2009, 31(1): 1-11.

[18] LIU C, LIU J, JIANG Z. A multiobjective evolutionary algorithm based on similarity for community detection from signed social networks[J]. IEEE Trans Cybern, 2014, 44(12): 2274-2287.

第3章

重叠社团发现方法

3.1 引言

重叠社团结构,即网络中的节点同时归属多个社团,广泛地存在于真实世界中。因此,针对重叠社团结构的检测与挖掘技术研究一直是学术界和工业界中的热点问题,目前存在着众多重叠社团挖掘方法和技术。得益于图神经网络强大的表示学习能力,越来越多的学者开始关注基于图神经网络(graph neural network,GNN)的社团发现方法研究。然而,这些工作大部分集中于解决非重叠社团挖掘问题,而重叠社团结构更加广泛和普遍地存在于实际网络中。在少有的基于 GNN 的重叠社团发现研究工作中,Shchur 和 Günnemann[1] 提出了一种基于图卷积神经网络(graph convolutional network,GCN)的重叠社团发现方法(neural overlapping community detection,NOCD),其结合 GCN 模型的表示学习能力和概率推断模型实现了端到端无监督重叠社团结构的重构,实验结果表明该方法的性能较基准方法取得了显著的提升。然而,值得注意的是,GCN 是一种基于傅里叶变换的谱图神经网络架构,从图信号处理视角看,其卷积操作本质上是对图信号进行低通滤波处理[2]。文献[3]的研究表明,具有强社团结构的网络在谱域上通常具有一簇位于 0 附近的小特征值,社团结构信息就隐藏于这些低频窄带谱域中。由于 GCN 的低频滤波特性集中于特定的低频频带上,并且不能自适应网络结构的变化,对于社团挖掘任务,GCN 并不能够提取到高质量的社团结构信息。因此,直观来看,从图信号处理视角设计一种具有低频带通滤波能力的图神经网络模型,将会有效提高针对社团信息的捕捉能力。定义在图上的谱图小波具有天然的带通滤波属性[4],并且其可通过调节尺度缩放参数灵活调整滤波的频段,满足不同的滤波应用需求。另外,基于谱图傅里叶变换和卷积定理,Xu 等[5] 已经提出了一个基于谱图小波变换的图小波神经网络(graph wavelet neural network,GWNN)模型,并在节点分类任务上验证了图小波方法应用于图深度学习技术的有效性。然而,与 GCN 相似,GWNN 模型使用了一个具有低通滤波能力的图小波核函数 $g(x) = e^{-x}$,难以对隐藏于低频窄带中的社团信息进行精准挖掘。因此,针对社团挖掘任务,可设计具备低频窄带滤波能力的小波核函数,并借助不同尺度图小波可以灵活组合实现多频段滤波的特点,构建多尺度图小波神经网络模型,抽取网络数据中较完整的节点表征信息,从而实现社团结构的精准挖掘。

3.2 问题定义

无向属性图可表示为 $\mathcal{G} = \{\mathcal{V}, \mathcal{E}, \boldsymbol{A}, \boldsymbol{X}\}$,其中 $\mathcal{V} = \{1, 2, \cdots, N\}$ 是图中节点的集合,节点数为 $|\mathcal{V}| = N$,$\mathcal{E} \subseteq \mathcal{V} \times \mathcal{V}$ 表示边集合。$\boldsymbol{A} \in \mathbb{R}^{N \times N}$ 为邻接矩阵,其元素值 $A_{ij} \geqslant 0$,当节点 v_i 与节点 v_j 之间存在边时,$A_{ij} > 0$,否则 $A_{ij} = 0$。$\boldsymbol{X} \in \mathbb{R}^{N \times d}$ 是节点属性矩阵。图 $\mathcal{G}$ 的社团结构可表示为 $C = \{C_1, C_2, \cdots, C_K\}$,通常也可用社团归属矩阵 $\boldsymbol{M} \in \mathbb{R}_+^{N \times K}$ 表示。图拉普拉斯矩阵可以定义为 $\boldsymbol{L} = \boldsymbol{D} - \boldsymbol{A}$,其中 $\boldsymbol{D}$ 为对角度矩阵,其对角线元素值为 $D_{ii} = \sum_j A_{ij}$。那么,标准化拉普拉斯矩阵可表示为 $\widetilde{\boldsymbol{L}} = \boldsymbol{D}^{-\frac{1}{2}} \boldsymbol{L} \boldsymbol{D}^{-\frac{1}{2}} = \boldsymbol{I}_N - \boldsymbol{D}^{-\frac{1}{2}} \boldsymbol{A} \boldsymbol{D}^{-\frac{1}{2}}$,其中 $\boldsymbol{I}_N$ 为大小为 $N \times N$ 的单位阵。由于 $\widetilde{\boldsymbol{L}}$ 为实对称矩阵,存在一组完备的正交特征向量集 $U = (\boldsymbol{u}_0, \boldsymbol{u}_1, \cdots, \boldsymbol{u}_{N-1})$,其对应的特征值 $\{\lambda_l\}_{l=0}^{N-1}$ 位于 $[0, 2]$,构成了图的频谱。

(1) **傅里叶变换和图卷积**。将 $\widetilde{\boldsymbol{L}}$ 的特征向量作为一组傅里叶基,图上信号 f 的傅里叶变换 $\hat{f}$ 可定义为 $\hat{f} = \boldsymbol{U}^\mathrm{T} f$,其傅里叶逆变换为 $f = \boldsymbol{U} \hat{f}$。根据卷积定理,定义图卷积操作 $*_\mathcal{G}$ 为:

$$f *_\mathcal{G} y = \boldsymbol{U}((\boldsymbol{U}^\mathrm{T} y) \odot (\boldsymbol{U}^\mathrm{T} f)) = \boldsymbol{U} g_\theta \boldsymbol{U}^\mathrm{T} f \tag{3-1}$$

式中,y 为卷积核;$g_\theta = \boldsymbol{U}^\mathrm{T} y$ 是一个对角矩阵;$\odot$ 表示逐个元素的哈达玛(Hadamard)积。

(2) **谱小波变换和图小波卷积**。谱图小波是基于定义在图傅里叶域上的带通滤波器构建的,通过缩放尺度参数 s 拉伸一个独特的带通小波滤波核 $g(\cdot)$ 而产生。这个拉伸后的滤波器的矩阵形式为 $\boldsymbol{G}_s = \mathrm{diag}(g(s\lambda_0), g(s\lambda_1), \cdots, g(s\lambda_{N-1}))$。记 $\psi_{s,a}$ 为以节点 $a \in \mathcal{V}$ 为中心,缩放尺度为 $s \in R_+^*$ 的小波。那么,可定义尺度为 s 的小波基:

$$\Psi_s = (\psi_{s,0}, \psi_{s,1}, \cdots, \psi_{s,N-1}) = \boldsymbol{U} \boldsymbol{G}_s \boldsymbol{U}^{\mathrm{T}} \tag{3-2}$$

利用小波基可定义图信号 f 的小波变换和小波逆变换分别为 $\hat{f} = \Psi_s^{-1} f$ 和 $f = \Psi_s \hat{f}$。类比基于傅里叶变换的图卷积操作,定义图小波卷积操作为

$$f *_g y = \Psi_s ((\Psi_s^{-1} y) \odot (\Psi_s^{-1} f)) \tag{3-3}$$

3.3　相关工作

由于本章方法结合了图概率生成模型和图神经网络技术,本节主要对基于这两种方法的重叠社团挖掘技术进行总结。基于概率推断的图生成模型由于有严格的数学理论基础和良好的可解释性,受到了广泛的关注。Yang 和 Leskovec[6] 对多个大规模社交、协作和信息网络的真实社团结构分析后发现,社团重叠区域内节点之间的连接比非重叠区域内节点间的连接更加稠密。这意味着一对节点间存在边的概率与它们归属相同社团的数目成正比,基于此,Yang 和 Leskovec[6] 提出了一个社团隶属关系图模型(community-affiliation graph model,AGM),并使用马尔可夫链蒙特卡罗方法和凸优化技术,开发了一个用于检测社团的算法。然而,该算法的计算复杂度较高,难以应用于大规模网络。基于与 AGM 相同的思想,Yang 和 Leskovec 又提出了一个针对大规模网络的 BigCLAM(cluster affiliation model for big networks)模型[7],并利用类似非负矩阵分解的方法优化求解似然概率目标函数,实现了对大规模网络的高效社团发现。AGM 和 BigCLAM 模型只利用了网络的拓扑结构信息,未引入网络中节点的属性信息。Yang 等[8] 认为同一社团内的节点很可能拥有相同的属性,因此他们提出了一个融合网络拓扑和节点属性的概率模型 CESNA(communities from edge structure and node attributes),统计建模了网络结构和节点属性之间的交互作用,提高了重叠社团发现的精度。

随着深度学习技术在图结构数据上的成功推广,逐渐有学者开始利用深度学习方法研究传统的社团发现问题。传统的社团发现问题主要分为以下两种:一是直接利用自编码器学习图数据的非线性低阶表示。Yang 等[9] 利用深度自编码器强大的表征能力,将模块度矩阵作为模型的输入,并在重构目标误差函数中引入成对约束,学习低维非线性表示,实现了半监督的社团结构挖掘。Cao 等[10] 发现自编码器与谱聚类在低阶矩阵重构上具有相似的框架,提出了一个通过自编码器实现模块度和标准切无缝结合的方法,实现了融合网络结构和节点属性的社团发现,类似的工作还包括文献[11] 等。二是基于图神经网络的方法。Bruna 和 Li[12] 提出利用图神经网络通过展开幂迭代实现有监督的谱聚类分析。Chen 等[13] 将社团发现任务看作图中的节点分类问题,提出了一个用于有监督社团发现的线图神经网络模型,并用定义在边邻接线图上的非回溯算子来增强图神经网络模型。Levie 等[14] 利用凯莱(Cayley)多项式构建了一种新的图谱域卷积神经网络结构,该网络具备在低频段实现带通滤波的能力,这使得其在社团发现任务上有良好的表现。

然而,上述基于图神经网络的社团发现方法都是有监督的学习模型,需要大量的社团标签数据作为输入。与上述方法不同,文献[15]利用图概率推断模型,结合GCN 的表征学习能力,提出了一个无监督的社团发现图神经网络模型——NOCD(netural overlapping community detection)。但是,从谱分析的视角看,GCN 的低频滤波特性并不能准确捕捉社团信息,从而限制了 NOCD 的性能。

3.4 基于双尺度图小波神经网络的重叠社团发现方法

3.4.1 图小波神经网络重叠社团挖掘模型

从图信号处理视角来看,小波的缩放尺度参数 s 影响着小波滤波的频谱响应:当 s 较小时,相应的小波呈现高频滤波特性;当 s 较大时,相应的小波呈现低频滤波特性,并且不同的 s 对应的滤波频段也不同。社团信息隐藏于低频窄带频域中,很自然地选择尺度参数 s 使小波图卷积具有低频带通滤波性能,实现挖掘网络中社团结构的目的。另外,随着网络拓扑结构的变化,社团结构信息通常并不驻留于某个固定的低频窄带中,而是分布于多个低频窄带中。利用单一尺度图小波卷积进行社团结构挖掘,可能会遗漏一些重要信息,不利于抽取完整的社团结构特征。因此,基于上述考虑,本章构建一个用于挖掘重叠社团结构的双尺度图小波神经网络(two-scale graph wavelet neural network,TGWNN)模型。

在 TGWNN 中,每层网络都包含两个基本模块:特征变换和图小波卷积。其中,特征变换可表示为

$$H^{(l-1)} = H^{(l-1)} W^{(l-1)} \tag{3-4}$$

式中,$H^{(0)} = X$;$W^{(l)} \in \mathbb{R}^{m \times n}$,$m$,$n$ 分别表示 $l-1$ 层和 l 层的输出特征数,其目的是降低图神经网络中参数的复杂度。图小波卷积模块的层间传播规则为

$$H_s^{(l)} = \text{ReLU}(\boldsymbol{\Psi}_s \boldsymbol{F}^{(l)} \boldsymbol{\Psi}_s^{-1} \boldsymbol{H}^{(l-1)}) \tag{3-5}$$

式中,ReLU 是激活函数;$\boldsymbol{F}^{(l)} \in \mathbb{R}^{N \times N}$ 是一个对角矩阵,其对角线元素是待学习参数。

针对重叠社团挖掘任务,本章考虑一个 2 层的 TGWNN 模型,其网络结构如图 3-1 所示。TGWNN 的第 1 层网络是一个双尺度图小波卷积层。首先,使用尺度为 s_1 和 s_2 的图小波分别对图信号进行小波卷积滤波操作;然后,对两个滤波信号进行拼接操作,得到第 1 层的输出为

$$\hat{\boldsymbol{H}}^{(1)} = \boldsymbol{H}_{s_1}^{(1)} \oplus \boldsymbol{H}_{s_2}^{(1)} \tag{3-6}$$

式中,$\oplus$ 代表拼接操作,即将两个矩阵按列进行合并;$\boldsymbol{H}_{s_1}^{(1)}$ 和 $\boldsymbol{H}_{s_2}^{(1)}$ 分别为

$$\boldsymbol{H}_{s_1}^{(1)} = \text{ReLU}(\boldsymbol{\Psi}_{s_1} \boldsymbol{F}^{(1)} \boldsymbol{\Psi}_{s_1}^{-1} \tilde{\boldsymbol{H}}^{(0)})$$

$$\boldsymbol{H}_{s_2}^{(1)} = \text{ReLU}(\boldsymbol{\Psi}_{s_2} \boldsymbol{F}^{(1)} \boldsymbol{\Psi}_{s_2}^{-1} \tilde{\boldsymbol{H}}^{(0)}) \tag{3-7}$$

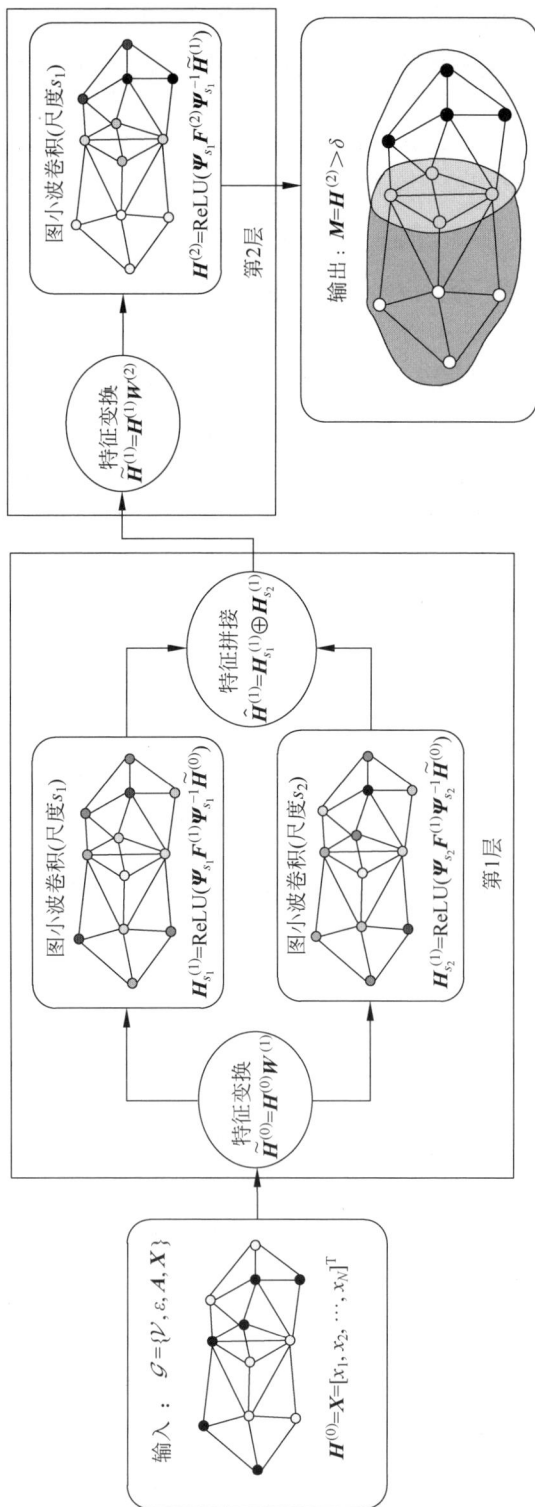

图 3-1　2 层 TGWNN 重叠社团发现模型组成结构示意图

式中,由于图的谱分布并非均匀分布,尺度参数 s 按照对数间隔进行选取,具体的选取规则如下:①确定 s 的个数 p 和低通因子 l_p;②根据最大特征值 $\lambda_{\max}$ 和低通因子确定特征值的下界 $\lambda_{\min} = \lambda_{\max}/l_p$;③确定 s 的上下界分别为 $s_{\max} = 2/\lambda_{\min}$ 和 $s_{\min} = 1/\lambda_{\max}$;④根据对数间隔得到 s 的取值 $s_1 > s_2 > \cdots > s_p$。由于大的 s 值对应于低频滤波器,本模型选取较大的两个尺度 s_1 和 s_2 对图信号进行卷积滤波操作,实现对低频双窄带信号的抽取。

TGWNN 模型的第 2 层使用单尺度图小波卷积进行特征的学习。首先,对上层的输出进行特征变换 $\widetilde{\boldsymbol{H}}^{(1)} = \boldsymbol{H}^{(1)} \boldsymbol{W}^{(2)}$,然后使用尺度参数为 s_1 的图小波对输入的双尺度滤波特征进行卷积滤波操作,再经过激活函数得到模型的输出:

$$\boldsymbol{H}^{(2)} = \mathrm{ReLU}(\boldsymbol{\Psi}_{s_1} \boldsymbol{F}^{(2)} \boldsymbol{\Psi}_{s_1}^{-1} \widetilde{\boldsymbol{H}}^{(1)}) \tag{3-8}$$

为实现重叠社团挖掘,这里仍然使用激活函数 ReLU。

$\boldsymbol{H}^{(2)} \in \mathbb{R}^{N \times K}$ 中元素 $H_{ij}^{(2)}$ 的大小表征了节点 v_i 隶属于社团 C_j 的强度,但其并不能直观地表示某个节点的社团归属,也不能与真实社团结构比较以确定模型的性能。因此,为实现节点的社团归属的二值表示,定义一个阈值 δ,可得到节点的最终社团归属为

$$M_{ij} = \begin{cases} 1, & \text{若 } H_{ij}^{(2)} > \delta \\ 0, & \text{否则} \end{cases} \tag{3-9}$$

式中,$M_{ij} = 1$ 表示节点 i 属于社团 C_j;δ 是一个经验参数,下文实验中设置 $\delta = 0.5$。

3.4.2 损失函数

为实现无监督学习,TGWNN 采用图概率生成模型定义损失函数。根据概率生成模型,网络中节点 u 和节点 v 之间存在连接的概率受它们共同归属的社团个数的影响,共有社团越多,它们之间存在连接的概率越高。具体而言,一个社团 c 的两个成员节点 u 和节点 v 之间存在边的概率为

$$P_{uv}(c) = 1 - \mathrm{e}^{(-M_{uc} \cdot M_{vc})} \tag{3-10}$$

如果两个节点 u 和 v 同属多个社团,那么它们之间存在边的概率为

$$P_{uv} = 1 - \mathrm{e}^{\left(-\sum_c M_{uc} \cdot M_{vc}\right)} \tag{3-11}$$

这样,图的邻接矩阵中的二值元素值满足伯努利(Bernoulli)分布,即

$$A_{uv} \sim \mathrm{Bernoulli}(P_{uv}) \tag{3-12}$$

在概率推断模型中,为了推断隐变量 $\boldsymbol{M}$,可基于图结构 A 最小化以下负对数似然函数:

$$-\ln P(\boldsymbol{A} \mid \boldsymbol{M}) = -\sum_{(u,v) \in \mathcal{E}} \ln(1 - \mathrm{e}^{(-\boldsymbol{M}_u \boldsymbol{M}_v^{\mathrm{T}})}) + \sum_{(u,v) \notin \mathcal{E}} \boldsymbol{M}_u \boldsymbol{M}_v^{\mathrm{T}} \tag{3-13}$$

由于真实的网络通常是非常稀疏的,这就导致模型训练中存在数据不平衡问

题,即式(3-13)中第二项对整个损失的贡献将显著大于第一项。为克服该问题,可以在有边和无边数据中分别进行均匀采样,消除数据不平衡对模型性能的影响,定义如下损失函数:

$$\mathcal{L}(M) = -\mathbb{E}_{(u,v) \sim P_E}\left[\ln(1 - e^{(-\boldsymbol{M}_u \boldsymbol{M}_v^{\mathrm{T}})})\right] - \mathbb{E}_{(u,v) \sim P_N}\left[\boldsymbol{M}_u \boldsymbol{M}_v^{\mathrm{T}}\right] \tag{3-14}$$

式中,$\mathbb{E}$ 表示期望值;P_E 和 P_N 分别表示有边和无边节点的均匀分布。这样,通过梯度下降方法优化式(3-14)的损失函数训练 TGWNN 网络,就能以无监督学习的方式实现重叠社团结构的挖掘。

3.4.3　图小波核函数

由式(3-3)可知,小波滤波核函数 $g(x)$ 的设计对社团结构挖掘性能的影响至关重要。考虑到复杂网络的社团结构信息驻留在低频窄带信号中,设计具有低频带通滤波响应的滤波器将能够有效地提取社团信息。基于该思路,受墨西哥帽小波滤波响应曲线的启发,本章定义如下小波核函数:

$$g(s\lambda) = s\lambda \cdot e^{-s\lambda} \tag{3-15}$$

式中,$g(s\lambda)$ 为滤波响应;λ 为频率。其频谱滤波响应曲线如图 3-2 所示。根据上文所述 s 的选取方法,这里取 s 的个数为 $p=5$,低通因子 $lp=20$。由图 3-2 可见,式(3-15)定义的小波核函数具有低频带通滤波能力。另外,需要特别注意的是,尺度较大的两个滤波器,其滤波谱域刚好覆盖低频 0 附近的频谱区域,这也是选取两个大尺度 s_1 和 s_2 构建双尺度图小波神经网络的原因。在其他数据集上也发现相似的特征,这里只展示在 Facebook 686 和 Facebook 698 两个数据集上的谱分析结果。

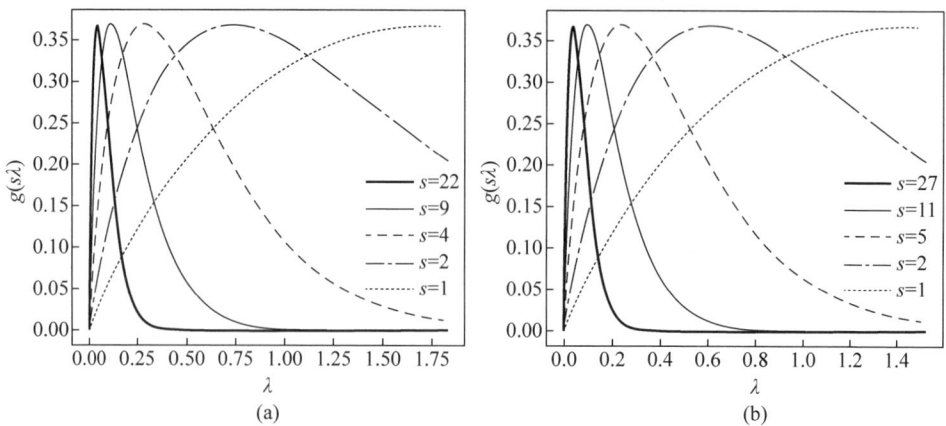

图 3-2　本章设计的小波频谱滤波响应曲线

图中的垂线代表图特征值的分布

(a) Facebook 686;(b) Facebook 698

3.4.4　图小波的快速近似计算

研究表明,切比雪夫(Chebyshev)多项式是一种快速近似计算图小波的有效方法。因此,本章采用切比雪夫多项式实现图小波变换及其逆变换的快速近似计算,本节简述其计算要点。切比雪夫多项式 $T_k(x)$ 由固定的递归关系生成,即

$$T_k(x) = 2x T_{k-1}(x) - T_{k-2}(x) \tag{3-16}$$

式中,$T_0 = 1$;$T_1 = x$。切比雪夫多项式构成了平方可积函数的希尔伯特空间 $L^2([-1,1], \mathrm{d}x/\sqrt{1-x^2})$ 的一组正交基。对于任意函数 $h \in L^2([-1,1], \mathrm{d}x/\sqrt{1-x^2})$ 都有一个一致收敛的切比雪夫级数,即

$$h(x) = \frac{1}{2}c_0 + \sum_{k=1}^{\infty} c_k T_k(x) \tag{3-17}$$

式中,系数 $c_k = \frac{2}{\pi} \int_0^\pi \cos(k\theta) h(\cos\theta) \mathrm{d}\theta$。

对于小波核函数 $g(s\lambda)$,由于其自变量 $\lambda \in [0, \lambda_{\max}]$,可通过变换 $\lambda = \frac{\lambda_{\max}}{2}(x+1)$ 得到平移后的切比雪夫多项式递归关系 $T_k'(\lambda) = T_k\left(\frac{\lambda-a}{a}\right)$,其中 $a = \frac{\lambda_{\max}}{2}$。这样,小波核函数可近似表示为

$$g(s\lambda) = \frac{1}{2}c_0 + \sum_{k=1}^{\infty} c_k T_k'(\lambda) \tag{3-18}$$

式中,$c_k = \frac{2}{\pi} \int_0^\pi \cos(k\theta) g\{s \lfloor a(\cos\theta + 1)\rfloor\} \mathrm{d}\theta$。通过对式(3-18)截断 m 项,就可得到小波核函数的多项式近似。对于图信号 f,其图小波变换的 m 阶切比雪夫多项式近似可表示为

$$\Psi_s^{-1} f = \frac{1}{2}c_0 f + \sum_{k=1}^{m} c_k T_k'(L) f \tag{3-19}$$

式中,$T_k'(L)f = \frac{2}{a}(L-I)(T_{k-1}'(L)f) - T_{k-2}'(L)f$。这样,图小波变换就可通过切比雪夫多项式进行快速递归计算,其计算复杂度为 $O(m \times |\mathcal{E}|)$,其中 $|\mathcal{E}|$ 为待处理网络的边数。

3.5　实验

3.5.1　数据集与对比方法

为评估 TGWNN 算法的性能,我们分别在 5 个人工合成数据集和 9 个真实 Facebook 数据集上进行了社团发现实验。人工合成数据是利用 LFR 复杂网络生

成器生成的具有重叠社团结构的网络数据集。LFR 生成器主要包括以下输入参数：网络节点个数(N)，最小社团成员个数($\min_c$)，最大社团成员个数($\max_c$)，重叠节点个数(o_n)，重叠节点归属的社团个数(o_m)，平均节点度(k)，最大节点度($\max_k$)以及社团结构指示参数(μ)。其中，μ 越大，网络的社团结构越模糊。为得到具有强社团结构的复杂网络，实验中设置 $\mu=0.1$。本章利用 LFR 生成 5 个人工合成数据集，其详细的参数设置见表 3-1。其中，网络名称中的数字表示网络中的节点个数。Facebook 数据集是一组来自社交平台 Facebook 的自我中心网络(ego network)，网络中的节点代表用户，用户的个人信息可被视为节点属性，用户间由朋友关系形成的社交圈表示网络的真实社团结构，该数据集的统计信息参见表 3-2。

表 3-1　LFR 数据集统计信息

网络	K	$\min_c$	$\max_c$	o_n	o_m	k	$\max_k$
L100	6	10	30	10	3	5	25
L300	18	10	30	30	3	10	50
L500	18	15	50	50	5	15	50
L700	47	15	50	70	10	15	50
L1 000	54	15	60	100	10	15	50

注：K 为社团个数。

表 3-2　Facebook 真实网络数据集统计信息

网络	$|V|$	$|\varepsilon|$	d	K
Fb 0	348	2 852	224	24
Fb 107	1 046	27 783	576	9
Fb 348	228	3 416	161	14
Fb 414	160	1 843	105	7
Fb 686	171	1 824	63	14
Fb 698	67	331	48	13
Fb 1 684	793	14 810	319	17
Fb 1 912	756	30 772	480	46
Fb 3 980	60	198	42	17

注：$|V|$ 为节点数，$|\varepsilon|$ 为边数，d 为节点属性个数，K 为社团数。

为对比分析算法的性能，本节选择以下两类社团发现算法作为基准方法：①基于网络拓扑结构的方法；②利用网络结构和节点属性的方法。第一类方法只考虑网络的拓扑结构，不考虑节点属性进行社团结构的检测。Demon 算法[15] 和 BigCLAM 算法[7]是这类方法中的经典算法。这类方法中另一个先进的方法是基于深度自编码器的非负矩阵分解方法(deep autoencoder like non-negative matrix factorization，DANMF)[16]，其借助于深度自编码器独有的特征表示学习能力，构建了一个基于深度自编码器架构的非负矩阵分解社团发现模型。第二类方法综合利用网络结构和节点属性信息进行社团结构的检测。在这类方法中，本节选择

CESNA 方法[8]和 NOCD 方法[1]两种方法进行比较。CESNA 方法是 BigCLAM 方法的扩展,建立在概率推断模型之上,将节点属性信息引入社团发现模型中。NOCD 是当前最新的先进重叠社团发现模型,其利用图神经网络强大的特征表示学习能力,从网络结构和(或)节点属性中学习网络中隐含的重叠社团结构。

评估重叠社团划分质量常用的指标包括 F1-score 和 Jaccard 相似度等。然而,有学者指出,这些指标并不总是能准确地表征社团划分质量的优劣,其有时会对一些毫无意义的社团划分结果给出较高的评分。因此,本章实验中采用 Jaccard 相似度和 ONMI 两个指标对算法性能进行综合评估。

3.5.2 实验设置

为实现社团结构挖掘任务,训练如图 3-1 所示的 2 层 TGWNN 网络。实验中,该网络的中间层神经元个数设置为 32,待学习权重参数采用文献[18]中的方法进行初始化,并利用 Adam 优化器对参数进行优化,学习率设置为 0.01。为提高计算效率,设置一个阈值参数 τ,令 Ψ 和 Ψ^{-1} 中所有小于 τ 的元素为 0,实验中设置 $\tau = 1e-4$。另外,图小波的切比雪夫多项式近似阶数设置为 10。与节点分类的图小波神经网络不同,本节在第 1 层之后增加一个批归一化操作,并对所有权重参数进行 L_2 正则化约束。需要说明的是,本章实验中 TGWNN 模型在所有的数据集上都采用上述相同的设置。此外,后文中 TGWNN 和 NOCD 的计算结果为 50 次重复实验后得到的平均值,并且最佳结果在表格中以黑体形式标出。

3.5.3 人工数据集性能分析

首先在利用 LFR 生成的人工网络数据集上对比分析 TGWNN 方法与基准方法的社团挖掘性能,结果如表 3-3 所示。由于 LFR 生成的网络不包含节点属性信息,CESNA 算法未参与对比。另外,对于 NOCD 和 TGWNN 算法,用邻接矩阵 A 替代节点属性矩阵 X 作为算法的输入进行社团结构挖掘,在表中记为 NOCD-A 和 TGWNN-A。相应地,后述内容中利用节点属性作为算法输入的方法分别记为 NOCD-X 和 TGWNN-X。实验结果表明,无论是在 ONMI 还是 Jaccard 相似度指标上,本章提出的 TGWNN 方法在所有 5 个人工数据集上都取得了最佳的重叠社团挖掘性能。并且,TGWNN 在一些数据集上较次优方法取得了 10% 以上的性能提升,如 L100、L300 和 L1 000 等。

表 3-3 在 LFR 数据集上的社团挖掘性能比较

数据集	ONMI/%					Jaccard 相似度/%				
	L100	L300	L500	L700	L1 000	L100	L300	L500	L700	L1 000
BigCLAM	13.2	7.7	9.4	4.3	1.3	36.1	21.0	24.1	6.6	4.0
DANMF	51.0	42.2	64.8	39.1	48.1	65.3	45.7	62.6	43.8	49.0

数据集	ONMI/%					Jaccard 相似度/%				
	L100	L300	L500	L700	L1 000	L100	L300	L500	L700	L1 000
Demon	2.6	5.2	7.8	5.7	2.7	21.2	13.6	21.7	8.2	6.6
NOCD-A	49.6	51.6	72.7	33.5	40.2	66.8	61.5	78.7	43.4	41.9
TGWNN-A	58.6	61.5	74.3	40.5	52.6	71.1	66.2	78.8	49.4	55.1

LFR 网络生成器的参数 o_m 决定生成网络的重叠度，o_m 越大，表示重叠节点归属的社团越多，网络的重叠度越高。为测试网络重叠度对算法性能的影响，在表 3-1 的 L100 网络上进行实验。具体来讲，保持其他参数不变，改变 o_m 值生成 9 个重叠社团网络，然后对比各算法在这些网络上的重叠社团挖掘性能，其结果如图 3-3 所示。由图 3-3 可见，随着网络重叠度的增加，DANMF、NOCD 以及 TGWNN 的性能都呈下降的趋势，但与 NOCD 相比，TGWNN 与 DANMF 算法下降的更加平缓。另外，由图 3-3 可见，BigCLAM 和 Demon 算法的性能受网络重叠度的影响并不明显，但是这两种算法在测试网络上的性能表现较差。值得注意的是，尽管 TGWNN 方法的性能会随着网络重叠度增加而下降，但 TGWNN 方法在不同重叠度的测试网络上都取得了最佳的重叠社团挖掘性能，验证了 TGWNN 方法的竞争性。

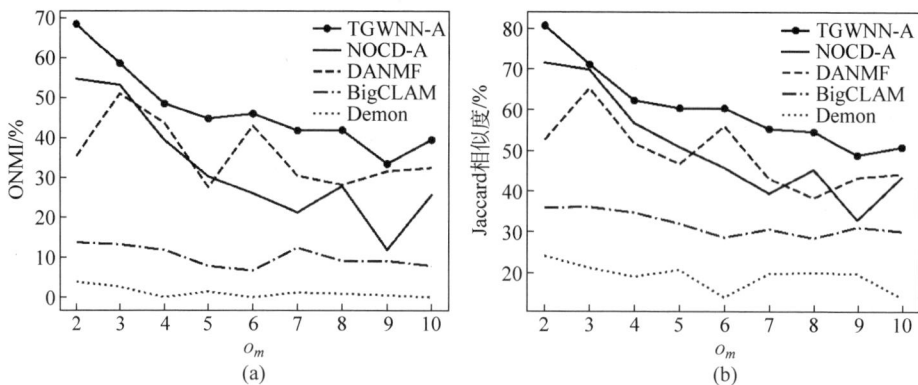

图 3-3　社团挖掘算法性能随社团重叠度的变化
(a) ONMI；(b) Jaccard 相似度

3.5.4　真实数据集性能分析

为进一步验证模型的有效性，本节在 9 个真实的 Facebook 数据集上进行了对比实验，实验结果如表 3-4 所示。结果表明，TGWNN 方法在所有数据集的两个性能指标上都超越了其他基准方法，并且在很多数据集上取得了非常显著的性能提升。具体而言，TGWNN 方法在 Fb 3 980 数据集上的 ONMI 和 Jaccard 相似度两个指标上较次优的方法分别提升了 78.2% 和 26.1%。另外,TGWNN 方法在 Fb 0、Fb 698 和 Fb 1 684 数据集上的性能提升也都超过了 20%。与同样基于图神经网络的 NOCD 方法相比,TGWNN 方法在基于网络拓扑(TGWNN-A)和基于拓扑结构及节点属性(TGWNN-X)两种情况下,社团挖掘性能都得到了较明显的提升。对算法在所有数据集上的社团挖掘结果进行统计后发现,TGWNN-A 较 NOCD-A 在 ONMI 和 Jaccard 相似度两个指标上分别提高了 34.7% 和 27.2%,而 TGWNN-X 较 NOCD-X 在上述两个指标上分别提高了 41.5% 和 48.5%。由此可见,TGWNN-X 带来的性能提升较 TGWNN-A 更加明显。这个结果具有以下意义:一方面,一定程度上说明了本章构建的低频窄带图小波滤波器在社团发现任务上对图信号滤波的有效性;另一方面,也表明 TGWNN 方法较基于低通滤波图卷积网络的 NOCD 方法能够更加充分地利用节点的属性信息。

表 3-4　在 Facebook 数据集上的社团挖掘性能比较

指标	算法	Fb 0	Fb 107	Fb 348	Fb 414	Fb 686	Fb 698	Fb 1 684	Fb 1 912	Fb 3 980
ONMI /%	BigCLAM	4.2	4.5	26.0	48.3	13.8	45.6	32.7	21.4	21.3
	DANMF	10.2	12.1	30.8	50.5	18.0	44.1	36.2	29.8	20.7
	CESNA	6.1	7.4	29.4	50.3	13.3	39.4	28.0	21.2	22.5
	Demon	0.5	0.5	19.6	19.7	21.1	22.8	6.7	10.7	6.0
	NOCD-X	7.5	8.4	36.4	59.8	21.0	41.7	26.1	35.6	17.2
	NOCD-A	6.4	10.7	34.7	56.3	20.6	49.3	34.7	36.8	14.1
	TGWNN-X	**12.7**	12.4	**39.9**	**63.3**	**23.5**	**56.6**	41.3	36.4	**40.1**
	TGWNN-A	11.4	**12.5**	37.7	62.2	22.8	55.2	**43.6**	**37.8**	34.8
Jaccard 相似度 /%	BigCLAM	16.2	25.9	36.5	36.7	22.7	23.4	19.0	23.0	31.9
	DANMF	19.6	24.9	47.2	50.3	39.5	51.4	31.7	30.2	32.6
	CESNA	16.4	25.1	36.8	38.4	23.7	22.9	21.1	22.3	32
	Demon	13.9	15.4	38.7	22.2	38.1	17.9	12.9	16.7	23.0
	NOCD-X	16.7	21.5	39.1	46.5	35.7	35.5	34.1	18.0	21.9
	NOCD-A	16.1	26.8	40.4	53.1	37.4	40.6	43.7	20.4	26.8
	TGWNN-X	**22.5**	**31.2**	**53.3**	**60.7**	**40.5**	**53.4**	43.4	38.0	**41.1**
	TGWNN-A	22.4	28.4	53.1	58.0	38.8	51.1	**44.1**	**39.7**	35.9

注:加粗数字表示最佳结果。

3.5.5　双尺度与单尺度图小波神经网络性能对比

通过前面的实验分析可知,TGWNN 模型确实带来了重叠社团挖掘性能的明显提升。但是,这个性能提升并不能确定是 TGWNN 模型中第 1 层的双尺度图小波卷积带来的。使用单尺度图小波卷积是否也能带来相同或者更好的性能?为此,将本章提出的模型中第 1 层的双尺度图小波卷积替换为单尺度图小波卷积,在真实 Facebook 数据集上进行实验,实验结果见表 3-5。其中,图小波的尺度选取双尺度模型中的 s_1 和 s_2 分别进行实验,这两个单尺度模型分别记为 SGWNN-LA

(X)和 SGWNN-HA(X),其中的 A 和 X 分别对应于网络结构和节点属性两种不同的模型输入情况。由表 3-5 可以得出以下结论:①TGWNN 模型在所有数据集上的性能都优于 SGWNN,除 Fb 1 912 数据集外,在其他数据集上前者较后者在 ONMI 指标上都取得了 1% 以上的绝对性能提升,这说明双尺度图小波卷积确实在社团挖掘任务中发挥作用;②与 NOCD 方法相比,单尺度图小波卷积网络社团发现模型在 9 个数据集上的性能都取得明显的提升,表明本章设计的具有低频窄带滤波能力的图小波能够更加精准地挖掘网络中隐含的重叠社团结构,也证明本章所提的图小波神经网络模型在社团发现任务上的有效性;③当模型的输入为节点属性 X 时,双尺度模型较单尺度模型得到更加明显的性能提升,这一定程度上也说明双尺度图小波较单尺度图小波挖掘出更多有价值的信息,因为从图信号处理角度来看,与邻接矩阵 A 相比,节点属性 X 是一种更加自然的多维图信号。

表 3-5　双尺度和单尺度图小波神经网络的社团挖掘性能(ONMI 指标)比较

数据集	Fb 0	Fb 107	Fb 348	Fb 414	Fb 686	Fb 698	Fb 1 684	Fb 1 912	Fb 3 980
NOCD-X	7.5± 1.1	8.4± 1.1	36.4± 2.0	59.8± 1.8	21.0± 0.9	41.7± 3.6	26.1± 1.3	35.6± 1.3	17.2± 5.3
NOCD-A	6.4± 0.9	10.7± 1.1	34.7± 1.5	56.3± 2.4	20.6± 1.4	49.3± 3.4	34.7± 2.6	36.8± 1.6	14.1± 2.8
SGWNN-HX	11.7± 0.9	11.1± 1.0	38.3± 1.4	60.5± 2.0	22.4± 0.9	55.5± 3.1	40.8± 2.1	36.4± 1.0	38.4± 4.0
SGWNN-HA	10.9± 0.9	12.3± 2.4	37.7± 3.3	60.3± 2.1	22.5± 1.1	54.8± 2.3	41.6± 2.1	37.5± 1.3	36.3± 2.2
SGWNN-LX	10.7± 1.3	11.5± 2.2	38.1± 1.9	59.0± 3.6	22.4± 2.4	52.2± 4.3	40.1± 2.4	35.8± 0.9	38.8± 3.1
SGWNN-LA	11.1± 1.4	11.0± 1.4	37.0± 2.6	59.8± 2.1	22.0± 1.9	53.9± 2.4	42.2± 2.4	37.6± 1.5	36.4± 4.5
TGWNN-X	**12.7± 1.7**	12.4± 1.5	**39.9± 1.7**	**63.3± 3.0**	**23.5± 1.3**	**56.6± 1.3**	41.3± 2.4	36.4± 0.8	**40.1± 5.1**
TGWNN-A	11.4± 1.2	**12.5± 1.7**	37.7± 1.7	62.2± 1.7	22.8± 2.0	55.2± 1.7	**43.6± 3.1**	**37.8± 1.4**	36.8± 2.5

注:加粗数字表示最佳结果。

3.6　本章小结

本章针对重叠社团的检测问题展开研究,基于社团信息通常驻留在低频窄带图谱域中的统计规律,提出一种基于图小波神经网络的重叠社团发现模型,并设计一种具有低频窄带滤波能力的图小波核函数,能够以无监督的方式实现对网络中隐含重叠社团结构的端到端学习。实验证实,该方法在 5 个人工 LFR 网络和 9 个真实的 Facebook 数据集上均取得了令人满意的性能改善。在本章模型框架下,无论是双尺度图小波 TGWNN 还是单尺度的 SGWNN，与基于图卷积神经网络的 NOCD 方法相比，都取得了非常显著的性能提升，证实了本章所提的图小波神经网络模型在社团挖掘任务中的有效性。

参考文献

[1] SHCHUR O, GÜNNEMANN S. Overlapping community detection with graph neural networks[C]//The 25th ACM SIGKDD Conference on Knowledge Discovery and Data Mining, Anchorage, 2019.

[2] LI Q, WU X M, LIU H, et al. Label efficient semi-supervised learning via graph filtering [C]//2019 IEEE/CVF Conference on Computer Vision and Pattern Recognition, Long Beach, 2019: 9574-9583.

[3] LEVIE R, MONTI F, BRESSON X, et al. Cayleynets: graph convolutional neural networks with complex rational spectral filters[J]. IEEE transactions on signal processing, 2018, 67 (1): 97-109.

[4] GRIBONVAL R, HAMMOND D K, VANDERGHEYNST P. Wavelets on graphs via spectral graph theory[J]. Applied & computational harmonic analysis, 2010, 30(2): 129-150.

[5] XU B, SHEN H, CAO Q, et al. Graph Wavelet Neural Network[C]//International Conference on Learning Representations, New Orleans, 2019.

[6] YANG J, LESKOVEC J. Community-affiliation graph model for overlapping network community detection[C]//IEEE International Conference on Data Mining, Belgium, 2012.

[7] YANG J, LESKOVEC J. Overlapping community detection at scale: a nonnegative matrix factorization approach[C]//ACM International Conference on Web Search and Data Mining, Rome, 2013: 587-596.

[8] YANG J, MCAULEY J, LESKOVEC J. Community detection in networks with node attributes[C]//2013 IEEE 13th International Conference on Data Mining, Dallas, 2013: 1151-1156.

[9] YANG L, CAO X, HE D, et al. Modularity based community detection with deep learning [C]//The 25th Internation Joint Conference on Artificial Intelligence, Montreal, 2016.

[10] CAO J, JIN D, YANG L, et al. Incorporating network structure with node contents for community detection on large networks using deep learning[J]. Neurocomputing, 2018, 297: 71-81.

[11] JIN D, GE M, LI Z, et al. Using deep learning for community discovery in social networks [C]//2017 IEEE 29th International Conference on Tools with Artificial Intelligence (ICTAI), Boston, 2017: 160-167.

[12] BRUNA J, LI X. Community detection with graph neural networks[J]. Stat, 2017, 1050: 27.

[13] CHEN Z, LI X, BRUNA J. Supervised community detection with line graph neural networks[EB/OL]. (2017-05-23)[2020-08-08]. http://arXiv.org/pdf/1705.08415.

[14] LEVIE R, MONTI F, BRESSON X, et al. Cayleynets: Graph convolutional neural

networks with complex rational spectral filters [J]. IEEE Transactions on Signal Processing,2018,67(1): 97-109.

[15] SHCHUR O, GÜNNEMANN S. Overlapping community detection with graph neural networks[C]//The 25th ACM SIGKDD Conference on Knowledge Discovery and Data Mining,Anchorage,2019.

[16] COSCIA M ,ROSSETTI G ,GIANNOTTI F ,et al. DEMON: a Local-First Discovery Method for Overlapping Communities [C]//The 18th ACM SIGKDD International Conference on Knowledge Discovery and Data Mining,Beijing,2012.

[17] YE F,CHEN C,ZHENG Z. Deep autoencoder-like nonnegative matrix factorization for community detection[C]//The 27th ACM International Conference on Information and Knowledge Management,Turin,2018: 1393-1402.

[18] GLOROT X, BENGIO Y. Understanding the difficulty of training deep feedforward neural networks[J]. Journal of Machine Learning Research,2010,9: 249-256.

第4章

动态网络社团发现方法

4.1 引言

在现实生活中,随着网络中节点和边的增加与减少,网络的拓扑结构和社团结构都会不断发生演化。例如,在学术网络中,拥有相同研究领域的学者往往构成一个社团,研究热点的变化和研究者兴趣的改变,使得社团具有复杂的动态性。网络的不断演化可能导致社团结构发生巨大变化和社团需要被重新发现。动态网络拓扑结构的快速变化和不可预测的特性为社团发现提出了严峻的挑战,传统的静态社团发现算法已经不能满足在动态变化的网络中准确挖掘社团结构的需求。

相比于静态网络的社团发现,动态社团发现算法的设计更具有挑战性,主要有以下三点原因。首先,动态网络社团发现不仅要考虑社团结构的划分是否准确,还要充分考虑动态网络的演化过程。例如,图 4-1(a)为静态社团发现示意图,网络中的节点根据连接的紧密程度被划分为 3 个社团。对于动态网络的社团发现,图 4-1(b)的上下两部分分别表示 t 时刻和 $t-1$ 时刻的网络快照 G_t 和 G_{t-1}。在 t 时刻有两种社团划分策略,分别用两条虚线——划分策略 1 和划分策略 2 表示。如果不考虑网络的动态演化,划分策略 1 和划分策略 2 在 t 时刻拥有相同的社团划分质量。但是,如果考虑网络的动态演化,划分策略 2 要好于划分策略 1。因为,划分策略 2 在 t 时刻和 $t-1$ 时刻的划分更相近。因此它比划分策略 1 更加合理。这也表明,动态网络的社团发现既要考虑每个时刻的社团发现质量还要考虑动态网络的演化过程。其次,动态社团发现的另一个挑战是解的不稳定性问题。无法确定划分结果的变化是由社团的自然演化引起的,还是由网络中噪声或算法的不稳定性造成的。对此,研究者们提出了大量的解决方案,其最终目标是使社团的演化更加平滑。其中,Chakrabarti[1] 提出了演化聚类框架,该框架是目前应用广泛的动态社团发现方法之一。其假设在短时间内聚类的突然变化可能是由噪声引起的,并且期望聚类不发生突然变化。Palla 等[2] 通过研究科学家合作网络的动态演变过程,发现在短时间内社团不会发生剧烈的变化,并且提出社团发生大规模演化后,社团的生命周期将会更长。这证明了假设的演化聚类模型与现实网络的特质相吻合。最后,捕捉动态的社团演化模式对理解动态网络深层特征和演化方向至关重要。如何捕捉动态网络中的社团演化模式和过程与跟踪动态演化进程是动态社团发现面临的重要挑战。

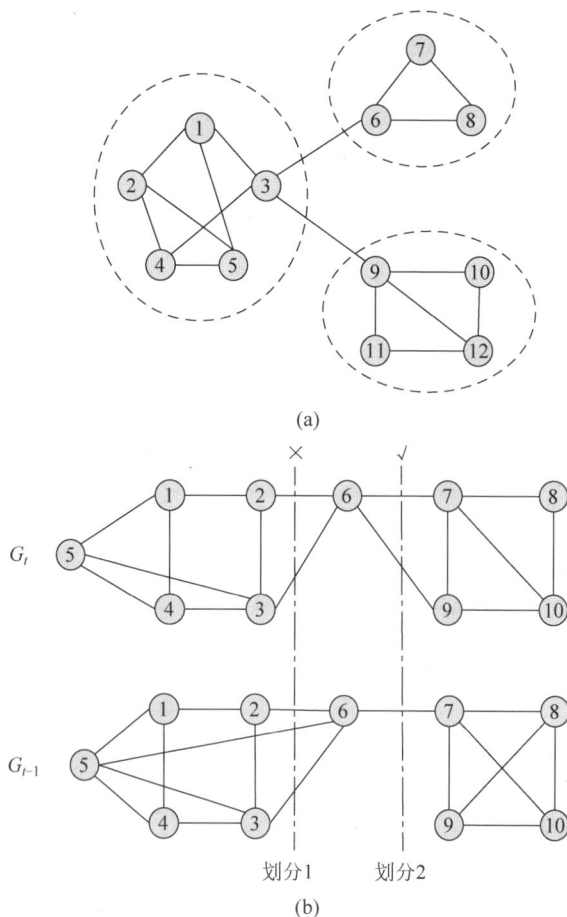

(a)

(b)

图 4-1 静态社团发现和动态社团发现说明

(a) 静态社团发现;(b) 动态社团发现

虽然研究者对于动态网络的社团发现方法付出了巨大的努力,但仍有许多问题有待解决。第一,已提出的大多数方法并没有利用重要的先验信息来提高社团发现的准确率。第二,在动态网络中,社团结构和时间演化特征是同步存在的,捕捉社团的演化过程有助于从本质上理解动态网络的演化模式。然而,大多数动态社团发现算法未对社团的动态演化过程直接进行建模,从而无法描述和可视化社团的演化过程。第三,大多数基于演化聚类框架的算法只适用于社团和节点个数不发生改变的场景。然而,节点的加入和离开,社团的增加和减少是网络中常见的动态变化场景。如何在演化聚类框架中处理社团和节点数量发生变化的情况是一个亟须解决的问题。

4.2　问题定义

4.2.1　符号

对于一个随时间演化的动态网络,本章将其表示为一系列时刻$\{1,2,\cdots,T\}$的网络序列快照$W_t=\{G_1,G_2,\cdots,G_T\}$,$T$为快照数量。式中,$W_t=(V_t,E_t)$表示$t$时刻的网络快照,$V_t$为$t$时刻的节点的集合,$E_t$为$t$时刻节点之间边的集合。本章用网络快照对应的邻接矩阵$A=\{A_1,A_2,\cdots,A_T\}$表示动态网络,其中$A_t=(A_{ij,t})_{n\times n\times T}$表示$t$时刻的网络快照,$n$为节点数量,如果节点$v_i$和$v_j$在$t$时刻有连接,则$A_{ij,t}=1$,否则$A_{ij,t}=0$。表4-1为本章所用的符号及定义。

表 4-1　本章符号定义

符　　号	定　　义
t	时刻标识
V_t	t 时刻节点集合
E_t	t 时刻边集合
A_t	t 时刻邻接矩阵
H_t	t 时刻社团指示矩阵
G_t	t 时刻社团演化矩阵
C_t	t 时刻网络社团结构

4.2.2　动态社团发现

给定一个动态网络$W_t=\{G_1,G_2,\cdots,G_T\}$,动态网络社团发现的目标如下:一是对当前时刻的网络快照进行准确的社团结构挖掘,将网络中的节点划分为k个社团$C_t=\{c_1,c_2,\cdots,c_k\}$,使社团发现的结果与真实的社团结构尽可能相同。动态网络的社团结构由每个时刻社团的集合构成$C=\{C_1,C_2,\cdots,C_T\}$。二是连续时刻的社团发现结果C_t和C_{t-1}不会发生剧烈变化,即社团的演化是平滑的。三是建立描述社团演化生命周期的进化链,对社团演化模式进行建模,实现跟踪和分析社团的演化过程。

4.2.3　演化聚类框架

演化聚类框架假设社团结构在短时间内不会发生突变,连续两个时刻的社团结构演化具有平滑性。演化聚类框架由快照代价(snapshot cost,CS)和时间代价(temporal cost,CT)的线性组合构成。其中,CS 用于衡量 t 时刻社团发现结果 C_t 与真实社团结构的相符程度,CT 用于衡量 t 时刻社团发现结果 C_t 与 $t-1$ 时刻社团发现结果 C_{t-1} 之间的差异。基于演化聚类的动态网络社团发现方法需要满足两个条件:一是社团划分结果应该尽可能准确地表示当前的网络结构;二是连续两个时刻,社团发现的结果是平滑的,没有显著的突变。演化聚类框架 cost 的最终目标是在两个子模块——快照代价 CS 和时间代价 CT 之间取得平衡,则有

$$Cost = \alpha \cdot CS + (1-\alpha) \cdot CT \tag{4-1}$$

式中,$\alpha \in (0,1)$ 为权重系数,用于平衡 CS 和 CT 的权重比例。当 $\alpha=1$ 时,方法返回的结果为没有考虑连续时刻的社团演化特征,动态社团发现问题等价于静态社团发现问题;当 $\alpha=0$ 时,框架得到与上一时刻相同的社团发现结果。

4.3　相关工作

近年来,涌现出了大量方法用于解决动态网络中的社团发现问题。这些方法大致可以分为两类增量聚类方法和演化聚类方法。

(1)增量聚类算法尝试将静态网络的社团发现方法扩展到动态网络中,其主要思想是利用静态社团发现方法在第一个网络快照中发现社团结构,然后根据连续两个时刻快照之间节点和边的动态变化来划分后续快照的社团结构,当前时刻的社团结构是从前一时刻的社团结构中推导而来。代表算法有 IA-MCS[3]、GraphScope[4] 等。增量聚类方法可以直接使用静态的社团发现算法,并且比较容易实现。然而,增量聚类算法忽略了噪声对每个时刻社团发现的影响,从长期和全局角度来看,这种方法不能保证社团发现结果的一致性。

(2)演化聚类算法是目前较流行的一种动态网络社团发现方法,最早被 Chakrabarti 等[1] 提出用于流数据的聚类,将其应用于 k-means 和凝聚层次聚类算法以处理不断变化的数据。演化聚类框架假设短时间内的聚类结果不会发生剧烈变化,网络的突变多是由于噪声引起的,并引入时间损失函数对下一时刻突变的社团划分进行惩罚。Chi 等[5] 首次将演化聚类算法用于动态网络的社团发现问题,通过快照代价评价当前时刻社团发现的准确度,通过时间代价度量连续两个时刻社团发现结果的相似性。以演化聚类框架为基础,Lin 等[6] 提出了时间平滑(temporal smoothness)框架用于动态网络的社团发现,并提出了研究社团动态演

化的统一框架——FacetNet(framework for analyzing communities and evolutions in dynamic networks),该算法是目前最经典且广泛使用的动态社团发现算法。FacetNet 算法采用随机块模型生成社团,并通过一个健壮的统一过程来分析社团及其演化,该过程考虑了社团演化过程和演化的时间平滑性。随后,Folino 等[7] 提出了一种基于多目标优化的演化聚类算法 DYNMOGA(dynamic multi-objective gentic algorithms),算法将快照代价和时间代价看作一个多目标函数,在最大化快照代价的同时最小化时间代价。ECGNMF(evolutionary clustering via graph regularized nonnegative matrix factorization)算法[8]通过 NMF 框架拟合每个时间片的社团发现情况,从而获得每个时刻的社团结构。对于时间代价,算法不仅考虑了介观社团历史信息还考虑了节点的微观变化信息,通过引入正则化项对两个连续时间的微观节点变化进行约束,平滑连续时间内微观节点的变化情况。Ma 等[9]提出了一种基于共同正则化非负矩阵分解的动态网络社团发现算法 Cr-ENMF(co-regularized evolutionary nonnegative matrix factorization for evolving communities in dynamic networks),算法利用前一时刻的网络和社团结构来表征时间代价,并将其通过正则化项加入目标函数中,成功挖掘动态网络中的社团结构。虽然已提出的算法实现了对动态网络的社团结构挖掘,但大多数算法未对社团的动态演化模式进行直接建模,从而无法描述和可视化社团的演化过程。由此可知,基于演化聚类框架的社团发现方法的主要挑战是如何平衡快照质量 CS 和时间代价 CT,以及如何量化时间代价 CT 并对社团演化模式进行建模。

4.4　基于演化聚类框架的动态网络社团发现方法

4.4.1　快照代价

对于快照代价 CS 部分,sEC-SNMF(semi-supervised evolutionary clustering model based on symmetric nonnegative matrix factorization)算法期望在当前时刻获得与真实社团结构相符的社团划分。首先引入社团指示矩阵 $H \in \mathbb{R}^{n \times k}$,如果两个节点属于同一个社团,那么它们之间生成边的概率很高。因此,本章期望 HH^{T} 的每个元素都尽可能和网络邻接矩阵 A 相接近。假设网络中节点之间边数的期望 HH^{T} 和邻接矩阵 A 中可观察边数之间的误差服从均值为 0,标准差为 σ 的高斯分布,则有

$$A_{ij} - \sum_k H_{ik}H_{jk} \sim N(0, \sigma^2) \tag{4-2}$$

根据高斯概率密度函数,得到其似然函数为

$$L = \prod_{i \neq j} \frac{1}{\sqrt{2\pi}\sigma}\left(-\frac{1}{2}\left(\frac{A_{ij} - \sum_k H_{ik}H_{jk}}{\sigma}\right)^2\right) \tag{4-3}$$

最大化 L 等于最大化 $\log_2 L$，即

$$\log_2 L = \sum_{ij}\left(-\frac{1}{2}\left(A_{ij} - \sum_k H_{ik}H_{jk}\right)^2\right) + c = -\frac{1}{2}\left(\sum_{ij}\left(A_{ij} - \sum_k H_{ik}H_{jk}\right)^2\right) + c$$

$$(4\text{-}4)$$

因为 $\|\boldsymbol{A} - \boldsymbol{H}\boldsymbol{H}^{\mathrm{T}}\|^2 = \sum_{ij}\left(A_{ij} - \sum_k H_{ik}H_{jk}\right)^2$，所以目标函数为

$$L(\boldsymbol{A},\boldsymbol{H}) = \|\boldsymbol{A} - \boldsymbol{H}\boldsymbol{H}^{\mathrm{T}}\|_{\mathrm{F}}^2 \qquad (4\text{-}5)$$

式中，$\|\boldsymbol{A}\|^2 = \sqrt{\sum_{i=1}^{n}\sum_{j=1}^{d}|a_{ij}|^2}$。$\boldsymbol{H}_t$ 是 t 时刻的社团指示矩阵，$\boldsymbol{H}_t$ 的每一行表示在 t 时刻节点属于每个社团的隶属度情况，其中 $H_{im,t}$ 代表 t 时刻节点 v_i 隶属于社团 c_m 的概率。由此可以推导出，$H_{im,t}H_{jm,t}$ 是节点 v_i 和 v_j 在 t 时刻在社团 c_m 内连接边数的期望，$\sum_{l}^{k} H_{il,t}H_{jl,t}$ 为整个网络中节点 v_i 和 v_j 在 t 时刻连接边数的期望，所以 $\boldsymbol{H}_t\boldsymbol{H}_t^{\mathrm{T}}$ 代表在 t 时刻任意两个节点之间生成边的期望。期望 t 时刻的社团发现结果尽可能和 t 时刻的邻接矩阵 $\boldsymbol{A}_t$ 相似。因此，快照成本 CS 函数如下：

$$\mathrm{CS} = \|\boldsymbol{A}_t - \boldsymbol{H}_t\boldsymbol{H}_t^{\mathrm{T}}\|_{\mathrm{F}}^2 \qquad (4\text{-}6)$$

4.4.2 时间代价

对于时间代价，演化聚类框架假设连续两个时刻的社团结构演化是平滑的，不会发生剧烈改变。因此，本章假设节点归属的社团在连续两个时刻不会发生剧烈变化，节点在 $t-1$ 时刻属于社团 c_i，那么它在 t 时刻也属于社团 c_i 的概率较大。为了进一步探索和分析动态网络的时间演化模式，本章引入社团演化矩阵 $\boldsymbol{G}_t \in \mathbb{R}^{k \times k}$ 对社团演化模式进行建模。通过对社团演化矩阵的分析可以捕获社团演化趋势、预测社团活动和实现对社团演化过程的可视化，从而实现对社团动态演化过程的跟踪和分析。其中，矩阵 $\boldsymbol{G}_t$ 的元素 $G_{ij,t}$ 表示节点在 t 时刻从社团 c_i 转移到社团 c_j 的概率。因此，节点在 t 时刻隶属于社团的情况 $\boldsymbol{H}_t$ 应该从 $t-1$ 时刻节点隶属于社团的情况 $\boldsymbol{H}_{t-1}$ 和社团转移概率 $\boldsymbol{G}_t$ 共同演化而来。节点 v_i 在 $t-1$ 时刻隶属于社团 c_l 的概率（$H_{il,t-1}$）与 t 时刻节点 v_i 从社团 c_l 转移到社团 c_m 的概率（$G_{lm,t}$）的乘积应该和 t 时刻节点 v_i 属于社团 c_m 的概率 $H_{im,t}$ 尽可能相近，即 $H_{im,t} \approx H_{il,t-1}G_{lm,t}$。因此，本章定义时间代价 CT 函数为

$$\mathrm{CT} = \|\boldsymbol{H}_{t-1}\boldsymbol{G}_t - \boldsymbol{H}_t\|_{\mathrm{F}}^2 \qquad (4\text{-}7)$$

4.4.3 先验信息

为了减少噪声以及毫无根据的网络演化对社团发现结果的影响，算法将 $t-1$ 时刻的社团发现结果作为 t 时刻的先验信息来优化 t 时刻的网络拓扑，从而提高社团发现的准确度。先验信息定义为

$$A_t^* = A_t - \beta(A_{t-1} - H_{t-1}H_{t-1}^{\mathrm{T}}) \tag{4-8}$$

式中，A_t^* 为优化后 t 时刻的邻接矩阵，β 为先验信息的权重系数。基于此，通过式(4-8)将前一时刻的社团发现信息作为当前时刻的先验信息融合到演化聚类框架中，可以调整两个连续时刻网络拓扑之间的平滑度，从而减少噪声对社团发现的影响，提高算法的精度。因此，最终的目标函数为

$$
\begin{cases}
\min\limits_{H_t, G_t} \| A_t^* - H_t H_t^{\mathrm{T}} \|^2 + \alpha \| H_{t-1}G_t - H_t \|^2, & t \geqslant 2 \\
\min\limits_{H_t} \| A_t - H_t H_t^{\mathrm{T}} \|^2, & t = 1
\end{cases}
$$

$$\mathrm{s.t.}\ (H_t)_{ij} \geqslant 0, \quad (G_t)_{ij} \geqslant 0, \forall\, i, j \tag{4-9}$$

式中，α 为权重系数，用于平衡快照代价和时间代价的权重比例。

4.4.4 算法分析与优化

1. 模型优化

由于式(4-9)的求解是非凸优化问题，很难求出全局最优解。本章采用迭代优化的方法求解目标函数，通过固定其他变量来优化一个变量。可以得到矩阵 H_1、H_t 和 G_t 的更新规则为

$$H_1 \leftarrow H_1 \odot \sqrt{\frac{A_1 H_1}{H_1 H_1^{\mathrm{T}} H_1}} \tag{4-10}$$

$$H_t \leftarrow H_t \odot \left(\frac{2A_t^* H_t + \alpha H_{t-1}G_t - \alpha H_t}{2H_t H_t^{\mathrm{T}} H_t} \right)^{\frac{1}{4}} \tag{4-11}$$

$$G_t \leftarrow G_t \odot \left(\frac{H_{t-1}^{\mathrm{T}} H_t}{H_{t-1}^{\mathrm{T}} H_{t-1} G_t} \right) \tag{4-12}$$

2. sEC-SNMF 算法

扩展基于演化聚类框架的固有假设较为困难，多数基于演化聚类的算法都无法处理节点和社团数量随时间变化的情况。但在动态网络中，节点和社团的增加和减少是常见的情况。因此，本章针对社团和节点发生变化的情况分别提出相应策略进行解决。

（1）处理网络中节点变化的情况：针对网络中节点个数发生增加和减少的情况，当网络中有新的节点加入时，在邻接矩阵的行和列分别填充 0。类似地，如果网络中的节点减少，则将其对应的行和列删除。这样，两个矩阵变为相同规模，可以进行之后的计算。通过此策略将模型扩展到节点数量随时间变化的情况。

（2）处理网络中社团变化的情况：针对网络中社团发生变化的情况，本章引入以下规则来确定每个时刻的社团个数 k_t。

$$k_t = \underset{k}{\arg\min} \sqrt{\left\| \sum_{i=1}^{k} \eta_{iT} s_{iT} s'_{iT} \right\| / \| A_t \|} > \tau \tag{4-13}$$

式中,η_{iT} 是矩阵 A_t 的特征值;s_{iT} 是特征值对应的特征向量;矩阵 A_t 可以根据特征值和特征向量进行重建,$A_t = \sum_{i=1}^{k} \eta_{iT} s_{iT} s'_{iT}$。 随着特征向量的增加,$A_t$ 和特征分解之间的误差 $\left\| A_t - \sum_{i=1}^{k} \eta_{iT} s_{iT} s'_{iT} \right\|^2$ 变小。 所以当参数 τ 取适当的值时,可以在特征值尽量小的情况下达到一个很好的平衡,从而确定社团个数。

此外,考虑到社团结构随时间演化的平滑性,如果社团数量在连续时刻内保持稳定,则用 H_{t-1} 来更新 H_t;当连续时刻内社团数发生变化,则进行随机初始化,不使用前一时刻的社团指示矩阵作为初始值。根据上述求解方法,sEC-SNMF 算法的流程如算法 4-1 所示。

算法 4-1　sEC-SNMF 算法

输入:动态网络序列 $G = \{G_1, G_2, \cdots, G_T\}$,参数 α, γ

输出:每个时刻的网络社团划分 $C = \{C_1, C_2, \cdots, C_T\}$

1： **for** $t = 1, 2, \cdots, T$ **do**

2： 　根据式(4-13)确定网络中社团个数

3： 　初始化 H_t, G_t

4： 　**if** $t = 1$ **do**

5： 　　**repeat**

6： 　　　根据式(4-10)更新 H_1

7： 　　**until** convergence

8： 　　　得到 $t = 1$ 时刻的社团 C_1

9： 　**else do**

10： 　　**repeat**

11： 　　　对于每个时刻 t,根据式(4-8)计算先验信息 A_t^*

12： 　　　根据式(4-11)更新 H_t

13： 　　　根据式(4-12)更新 G_t

14： 　　**until** convergence

15： 　　　得到 t 时刻的社团更新 C_t

16： **end for**

4.5　实验

4.5.1　对比方法

为了验证 sEC-SNMF 算法的有效性,实验选择 3 个具有代表性的动态网络社团发现算法作为对比算法,分别为同时考虑社团发现和网络演化框架 FacetNet、基于多目标优化的演化聚类算法 DYNMOGA 和基于相似性网络融合(similarity network fusion,SNF)的动态社团发现算法——动态非负矩阵分解(dynamic nonnegative matrix factorization,DNMF)算法。下面对 3 个对比算法进行简单的介绍。

1. FacetNet

FacetNet[6]算法将快照代价定义为观测到的节点相似性矩阵与用混合模型计算出的近似社团结构之间的 KL 散度,并将时间代价定义为 t 时刻和 $t-1$ 时刻社团结构划分的差异。

2. DYNMOGA

DYNMOGA[7]算法首先最大化快照代价来度量社团发现的质量,然后计算两个时刻社团划分的 NMI 来测量当前时刻获得的社团结构与前一个时刻获得的社团结构之间的相似性。

3. DNMF

DNMF[10]算法利用全概率模型挖掘邻接矩阵与 NMF 分解结果之间的欧几里得距离,并对两个连续快照中的矩阵分解结果进行约束。

4.5.2 人工数据集性能分析

1. 人工数据集 1 性能分析

人工数据集 1 是 Kim 和 Han 在文献[11]中使用的人工数据集,其中包含两种类型的动态网络:SYN-FIX(synthetic date based on dynamic network of a fixed number of communities)和 SYN-VAR(synthetic data based on dynamic network of a variable number of communities)。SYN-FIX 网络由 128 个节点组成,所有节点被平均分为 4 个社团,节点的平均度数为 16,网络中的节点与其他社团的节点有 zout 条边相连。本节实验分别设置 zout=3 和 zout=5,当 zout 增加时,网络中的噪声水平也随之增加,挖掘网络中社团结构的难度加大。为了引入网络的动态变化,SYN-FIX 网络在 $t-1$ 时刻从每个社团中随机选择 3 个节点,并在 t 时刻分配给其他社团。SYN-FIX 网络在所有时刻的社团数量不发生变化,社团数量始终为 4。SYN-VAR 网络由 256 个节点组成,所有节点被平均分为 4 个社团,节点的平均度为 16。同样,本节将 zout 设置为 zout=3 和 zout=5。不同于 SYN-FIX 网络,SYN-VAR 网络通过社团的新生和消亡来实现社团的动态变化。SYN-VAR 网络在 $t-1$ 时刻从每个社团中随机选择 8 个节点,在 t 时刻将这些节点构成一个新的社团,连续 5 个时刻重复此过程,然后再经过 5 个时刻将这些节点返回到原始社团。图 4-2 和图 4-3 分别为 sEC-SNMF 算法在 SYN-FIX 和 SYN-VAR 数据集上的社团发现结果。

从图 4-2 和图 4-3 中可以看出,sEC-SNMF 算法在 SYN-FIX 和 SYN-VAR 数据集上的所有时刻都取得了优于其他基线算法的社团发现结果。特别是在 SYN-

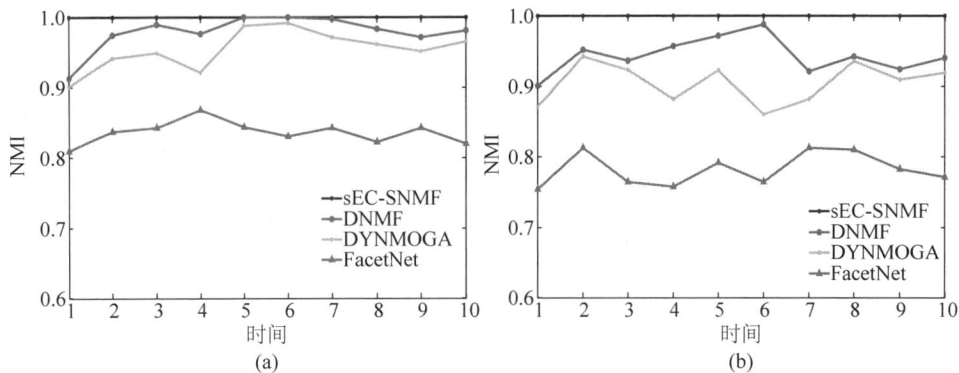

图 4-2　SYN-FIX 数据集上社团发现结果（见文后彩图）

（a）zout＝3；（b）zout＝5

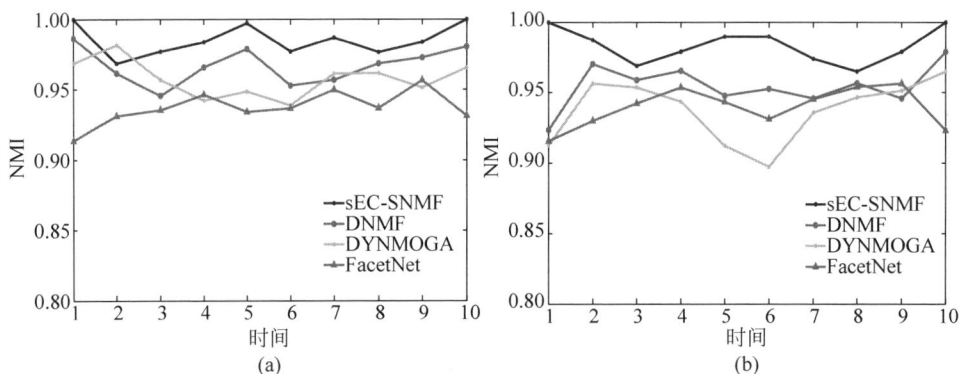

图 4-3　SYN-VAR 数据集上社团发现结果（见文后彩图）

（a）zout＝3；（b）zout＝5

FIX 网络中，在 zout＝3 和 zout＝5 两种情况下，sEC-SNMF 算法在 10 个时刻取得的 NMI 指标值均为 1，算法划分的社团结构和真实社团结构完全相同。对于社团个数发生变化的 SYN-VAR 网络，sEC-SNMF 算法也取得了所有时刻 NMI 均大于 0.95 的优异性能。相比于其他基线算法，sEC-SNMF 算法不仅在 2 个数据集的所有时刻都取得了最好的社团发现结果，而且社团发现结果曲线比较平滑，相邻时刻的社团发现结果没有突变，这说明本章提出的方法不仅能够准确地发现真实的社团结构，还在连续时刻的社团划分上具有非常稳定的性能。

2. 人工数据集 2 性能分析

本节实验采用文献[6]生成的动态网络数据集来验证 sEC-SNMF 算法的有效性。人工数据集 2 由 128 个节点组成，所有节点平均分为 4 个社团，社团内节点的平均度为 20。本节实验将 zout 设置为 zout＝5 和 zout＝6，zout 的值越大，社团结构越不清晰。为了在网络中引入动态性，随机选择 C％的节点在社团之间移动。为此，本节实验对于每个固定的 zout，随机选择 10％和 30％的节点在每个时刻改变其所属社团。图 4-4 为所有算法在 50 个时刻快照上的社团发现结果。

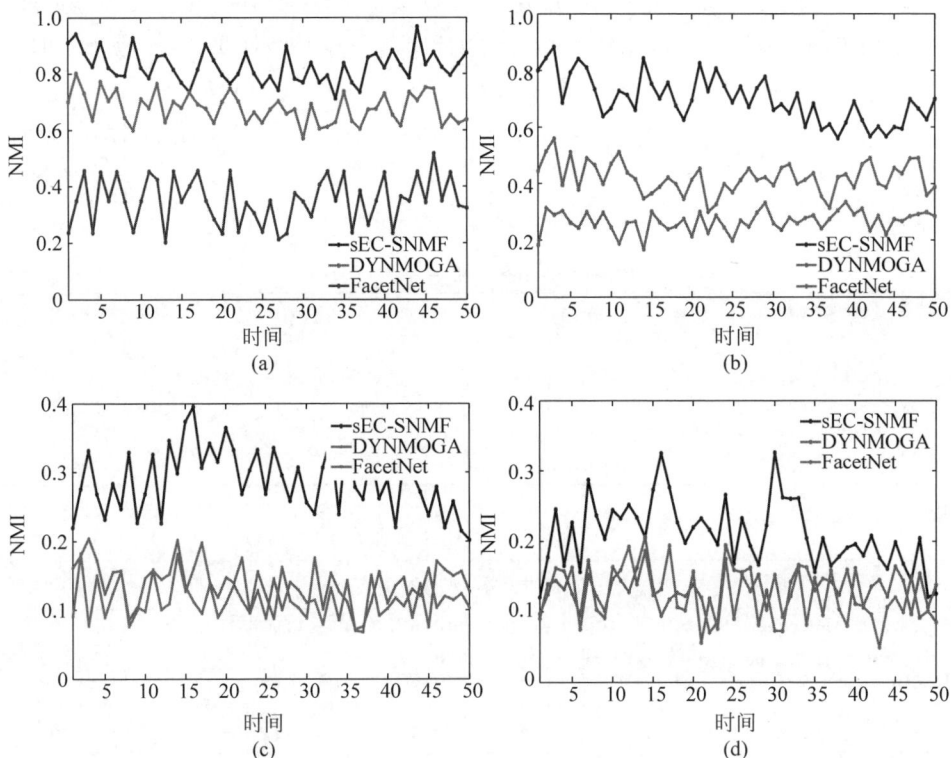

图 4-4 社团发现的 NMI 结果(见文后彩图)

(a) zout＝5，C＝10％；(b) zout＝5，C＝30％；(c) zout＝6，C＝10％；(d) zout＝6，C＝30％

从图 4-4 可以看出，在人工数据集 2 的所有时刻，sEC-SNMF 算法表现出了优异的社团发现性能。当 zout＝5 时，网络中的社团结构比较清晰，sEC-SNMF 算法取得了较高的 NMI 结果。当 zout 不变，网络中改变归属社团的节点从 10％增加为 30％时，所有方法的性能都有所下降，但 sEC-SNMF 仍然取得了最佳的性能。当 zout＝6 时，社团发现的难度变大，连续时刻算法表现的振荡幅度也较大。

3. 人工数据集 3 性能分析

人工数据集 3 基于 LFR 基准生成人工网络。相比于人工数据集 1 和人工数据集 2，基于 LFR 基准生成的数据集更加贴合真实网络情况，发现社团结构的难度也更大。本节实验利用 LFR 基准生成 4 个人工数据集作为初始网络，详细信息如表 4-2 所示。对于每个数据集，通过以下两种操作引入动态网络生成 5 个时刻的网络快照：一是不改变社团的个数，从每个社团中随机选择一定数量的节点离开原社团，并随机加入其他社团；二是改变社团个数，通过社团的新生和消亡实现社团的动态变化。对于 LNetwork1 和 LNetwork2 网络，通过第一种操作引入动态网络。在每个时刻,从每个社团中随机选择 6 个节点改变其连接,从而改变其所属社团情况。对于 LNetwork3 和 LNetwork4 网络,通过第二种操作引入动态网络,在第 2 个时刻和第 3 个时刻随机选择 1 个社团分裂成 2 个社团,并在第 4 个时刻和第 5 个时刻选择 2 个社团合并成 1 个社团。因此,LNetwork3 网络在 5 个时刻社团的数量分别为 12、13、14、13、12;LNetwork4 网络在 5 个时刻社团的个数分别为 26、27、28、27、26。sEC-SNMF 算法与其他基线算法在 5 个时刻的 NMI 结果和所有时刻的平均 NMI 结果如表 4-3 所示。

表 4-2　LFR 人工数据集统计信息

数据集	节点数	边数	社团个数
LNetwork1	500	1 632	10
LNetwork2	1 000	9 453	24
LNetwork3	500	832	12
LNetwork4	1 000	7 953	26

表 4-3　LRF 数据集上的社团发现的 NMI 结果

数据集	方法	$t=1$	$t=2$	$t=3$	$t=4$	$t=5$	平均 NMI
LNetwork1	FacetNet	0.636 3	0.676 2	0.625 1	0.607 5	0.618 7	0.632 8
	DYNMOGA	0.744 7	0.721 3	0.776 3	0.731 9	0.683 9	0.731 6
	DNMF	0.753 5	0.739 4	0.814 5	0.776 5	0.748 7	0.766 5
	sEC-SNMF	**0.916 8**	**0.921**	**0.916 2**	**0.886 7**	**0.874 6**	**0.903 1**
LNetwork2	FacetNet	0.621 5	0.683 69	0.635 6	0.657 5	0.638 9	0.647 4
	DYNMOGA	0.748 2	0.692 7	0.779 7	0.734 8	0.687 6	0.728 6
	DNMF	0.792 4	0.851 2	0.815 8	0.772 4	0.754 5	0.797 3
	sEC-SNMF	**0.856 8**	**0.871 2**	**0.872 6**	**0.846 5**	**0.856 7**	**0.860 8**
LNetwork3	FacetNet	0.574 6	0.521 2	0.546 2	0.501 2	0.520 1	0.532 7
	DYNMOGA	0.612 4	0.642 5	0.623 4	0.601 4	0.598 7	0.615 7
	DNMF	0.745 1	0.723 1	0.712	0.695 4	0.721 5	0.719 4
	sEC-SNMF	**0.846 8**	**0.868 9**	**0.842 1**	**0.820 6**	**0.804 5**	**0.836 6**
LNetwork4	FacetNet	0.523 5	0.542 6	0.518 7	0.487 9	0.513 8	0.517 3
	DYNMOGA	0.597 2	0.602 1	0.589 3	0.612 4	0.610 1	0.602 2
	DNMF	0.707 2	0.712 5	0.689 7	0.678 9	0.695 3	0.696 7
	sEC-SNMF	**0.810 2**	**0.835 6**	**0.836 8**	**0.813 5**	**0.824 5**	**0.824 1**

注:加粗数字表示最佳结果。

从表 4-3 中可以得出以下结论。

(1) 虽然基于 LFR 基准生成的人工数据集增加了社团发现的难度,但 sEC-SNMF 算法仍然获得了理想的社团发现结果。与其他的基线算法相比,其在所有数据集上均取得了最佳的性能。

（2）在 LNetwork1 网络中，相比于 FacetNet 算法，sEC-SNMF 算法在 $t=3$ 和 $t=4$ 时刻的 NMI 指标分别提高了 46.6％和 45.9％；相比于表现次优的 DNMF 算法，sEC-SNMF 算法在 $t=2$ 时刻的 NMI 指标也提高了 24.6％。不仅如此，sEC-SNMF 算法在 5 个时刻的平均 NMI 达到了 0.903 1。LNetwork2 网络相比于 LNetwork1 网络的节点个数有所增加，社团结构也更加复杂，但 sEC-SNMF 算法仍取得了最佳的社团发现结果。相比于 FacetNet、DYNMOGA 和 DNMF 算法，sEC-SNMF 算法在 5 个时刻的平均 NMI 分别提高了 32.9％、18.2％和 8.0％。

（3）对于社团个数发生变化的 LNetwork3 和 LNetwork4 网络，sEC-SNMF 算法的表现更加平滑，这主要是因为 sEC-SNMF 算法利用了前一时刻的社团发现结果来优化当前时刻的拓扑，成功过滤了噪声对结果的影响，使社团发现的结果更加平滑和准确。在 LNetwork3 网络中，相比于 FacetNet 算法，sEC-SNMF 算法在 $t=2$ 和 $t=3$ 时刻的 NMI 指标分别提高了 64.3％和 62.3％；相比于 DYNMOGA，sEC-SNMF 算法在 5 个时刻获得的平均 NMI 提高了 35.9％。

总的来说，sEC-SNMF 算法在更贴近现实的幂律网络人工数据集上取得了优异的社团发现结果。这主要得益于 sEC-SNMF 算法基于演化聚类框架，利用非负矩阵分解获得当前时刻社团划分结果，使结果尽可能贴近当前网络的真实社团结构，同时引入社团演化矩阵平滑连续时刻的社团演化。不仅如此，sEC-SNMF 算法还利用前一时刻的社团划分结果作为先验信息优化当前拓扑，在提高社团划分准确度的同时平滑每个时刻的划分结果。

4.5.3 真实数据集性能分析

KIT-Email 数据集是由卡尔斯鲁厄理工学院（Karlsruhe institute of technology，KIT）计算机科学系从 2006 年 9 月—2010 年 8 月共 48 个月的电子邮件所构成的电子邮件通信网络。对于 KIT-Email 电子邮件网络，节点对应 KIT 计算机科学系的成员，边的权重对应两个节点之间发送电子邮件的数量，计算机科学系的不同研究小组对应不同社团。本节分别以 2、3、4 和 6 个月为时间范围分为几个时间快照，其中 $T=24$（连续 2 个月为一个网络快照），$T=16$（连续 3 个月为一个网络快照），$T=12$（连续 4 个月为一个网络快照），$T=8$（连续 6 个月为一个网络快照）。联系人之间的联系是稀疏的，因此实验选择活跃的用户构成邻接矩阵。其中，网络中的节点数在 $138\sim231$，社团数在 $23\sim27$。最后将所有时刻快照上的平均 NMI 作为社团发现结果，如表 4-4 所示。结果表明，本章提出的 sEC-SNMF 算法比其他算法获得更好的性能。随着快照数的减少，所有算法在 NMI 上的性能都呈下降趋势，因为间隔越短，数据点被视为孤立点的次数越多。

表 4-4　KIT-Email 数据集上社团发现的 NMI 结果

方　　法	$T=24$	$T=16$	$T=12$	$T=8$
FacetNet	0.642 5	0.624 5	0.598 7	0.601 4
DYNMOGA	0.706 5	0.697 7	0.652 35	0.635 4
DNMF	0.850 1	0.846 6	0.823 1	0.823 3
sEC-SNMF	**0.876 9**	**0.865 8**	**0.853 5**	**0.849 8**

注：加粗数字表示最佳结果。

4.5.4　社团演化模式分析

sEC-SNMF 算法通过引入社团演化矩阵 G_t 对社团动态演化模式进行建模，量化节点在社团之间转移的趋势，其中矩阵 G_t 的元素 $g_{lk,t}$ 表示在 t 时刻节点从社团 l 转移到社团 k 的概率。为了分析动态网络中社团演化的模式，本节在人工数据集 2 上对连续 4 个时刻的社团演化过程进行可视化，进一步分析社团的演化过程。其中，在人工数据集 2 中设置 zout＝4，C％＝10％，并生成 5 个时刻的动态网络。

图 4-5 所示为连续 4 个时刻社团演化过程的可视化结果，y 轴为当前时刻的社团标签 k；x 轴为下一个时刻的节点所属社团标签 l；每个方格的颜色代表节点从

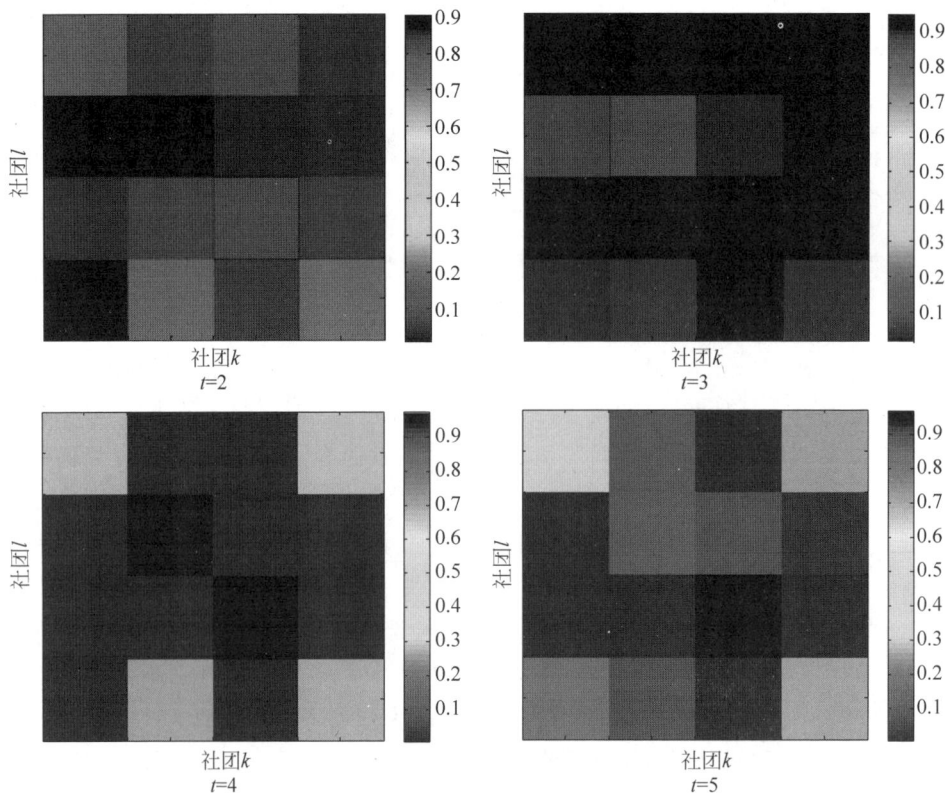

图 4-5　社团动态演化模式的可视化（见文后彩图）

社团 k 转移到社团 l 的概率,其值分别对应转移概率矩阵 $\boldsymbol{G}$ 中元素的值。在图 4-5 中,对角线的值始终大于其他格子,这表示在大多数情况下,相比于转移到其他社团,节点在下一时刻有较大概率继续保留在当前社团,这也间接证明了社团演化的平滑性。但随着网络的持续演化,网络中的社团结构也会发生变化。

4.5.5 参数分析与讨论

本节对算法参数 α 和 β 的敏感度进行讨论,分别将其设置为 $\{0.1,0.2,0.3,$ $0.4,0.5,0.6,0.7,0.8,0.9,1\}$,通过不同的参数组合来观察 sEC-SNMF 算法在 LNetwork1 网络上的社团发现性能。图 4-6 显示 sEC-SNMF 算法在不同参数组合下的社团发现结果。由图 4-6 可知,当 $0.2 \leqslant \alpha \leqslant 0.8$ 和 $0.2 \leqslant \beta \leqslant 0.6$ 时,sEC-SNMF 算法取得了比较优异并且平稳的性能。

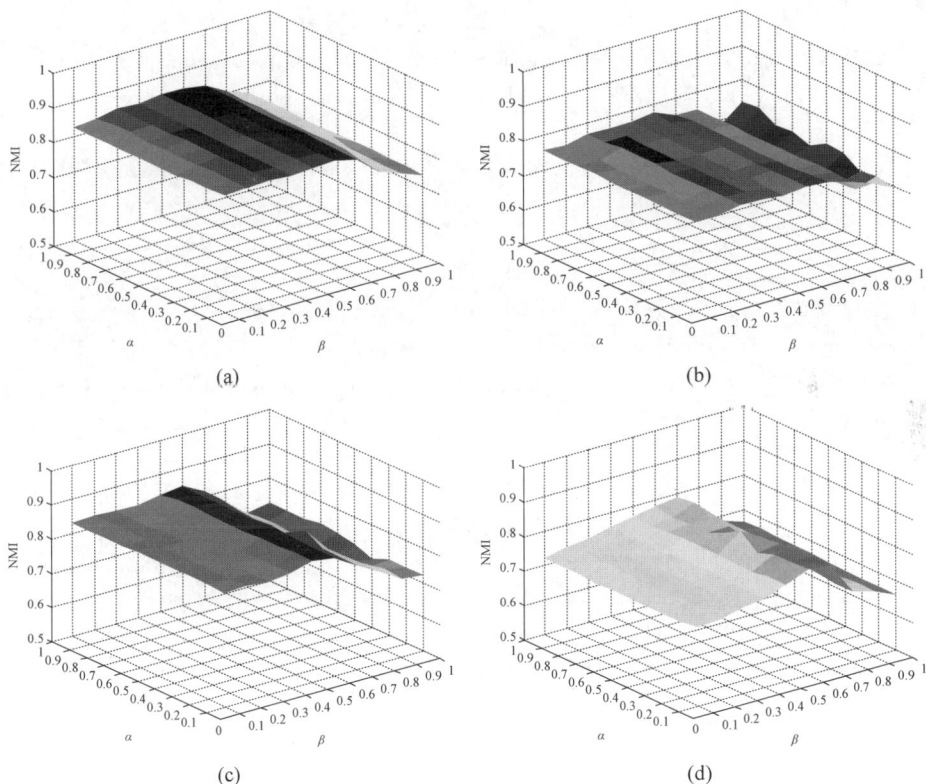

图 4-6 不同参数组合的社团发现结果(见文后彩图)

(a) $t=2$;(b) $t=3$;(c) $t=4$;(d) $t=5$

4.6 本章小结

本章针对复杂网络不断演化的动态特性,对动态网络中的社团结构挖掘问题展开了研究,并提出了一种基于演化聚类框架的动态网络社团发现算法——sEC-SNMF 算法。其利用 NMF 框架使当前时刻的社团划分结果尽可能贴近真实的社团结构,同时保证相邻时刻的社团结构演化具有平滑性。为了探索社团的演化模式,sEC-SNMF 算法引入社团演化矩阵对社团演化过程进行直接建模,实现对社团的演变过程的跟踪和分析。此外,sEC-SNMF 算法利用前一时刻的社团划分结果作为先验信息对当前的网络拓扑结构进行优化,从而减少噪声对社团结构挖掘的影响,进一步提高社团发现的准确度。实验证明,sEC-SNMF 算法在各种类型的人工数据集和真实数据集上都取得了优异的社团划分性能,并且实现了对社团演化过程的可视化。

参考文献

[1] CHAKRABARTI D, KUMAR R, TOMKINS A. Evolutionary clustering[C]//Proceeding of the 12th ACM SIGKDD International Conferenceon Knowledge Discovery and Data Mining, Philadelphia, 2006: 554-560.

[2] PALLA G, BARABÁSI A L, VICSEK T. Quantifying social group evolution[J]. Nature, 2007: 446(7136): 664-667.

[3] ZHUANG D. Modularity-based dynamic community detection[J]. Journal of latex class files, 2015, 14(8): 1-8.

[4] YANG B, LIU D Y. Force-based incremental algorithm for mining community structure in dynamic network[J]. Journal of computer science and technology, 2006, 21(3): 393-440.

[5] CHI Y, SONG X, ZHOU D, et al. On evolutionary spectral clustering[J]. ACM transactions on knowledge discovery from data, 2009, 3(4): 1-30.

[6] LIN Y, CHI Y, ZHU S, et al. Analyzing communities and their evolutions in dynamic social networks[C]//International Conference on World Wide Web, Beijing, 2008: 685-694.

[7] FOLINO F, PIZZUTI C. An evolutionary multiobjective approach for community discovery in dynamic networks[J]. IEEE transactions on knowledge & data engineering, 2014, 26(8): 1838-1852.

[8] YU W, WANG W, JIAO P, et al. Evolutionary clustering via graph regularized nonnegative matrix factorization for exploring temporal networks[J]. Knowledge based systems, 2019, 167: 1-10.

[9] MA X, ZHANG B, MA C, et al. Co-regularized nonnegative matrix factorization for evolving community detection in dynamic networks[J]. Information sciences, 2020, 528: 265-279.

[10] JIAO P, LYU H, LI X, et al. Temporal community detection based on symmetric nonnegative matrix factorization[J]. International journal of modern physics B, 2017 31 (13): 1750102.

[11] KIM M S, HAN J. A particle-and-density based evolutionary clustering method for dynamic networks[J]. Proceedings of the VLDB Endowment, 2009, 2(1): 622-633.

第5章

大规模网络社团发现方法

5.1 引言

随着信息技术的飞速发展,各领域的数据量呈爆炸式增长,大规模网络社团发现问题成为亟须解决的问题。传统的社团发现算法大多在基于拓扑表示的邻接矩阵上进行,存在计算复杂度高、不能并行计算和无法挖掘网络非线性结构等问题。例如,在模块度最大化算法中,通过对模块度矩阵进行特征值分解(eigenvalue decomposition,EVD)获得 k 个最大特征向量来优化社团隶属度矩阵,从而获得社团结构。在谱聚类中,通过对拉普拉斯矩阵(Laplacian matrix)进行特征值分解,将获得 k 个最小的非零特征值所对应的特征向量作为表示。这些方法都涉及矩阵的特征值分解操作,而特征值分解的复杂度为网络中节点数的立方。因此计算复杂度较高,很难扩展到大规模网络。而且无论是谱聚类还是基于模块度的社团发现方法,这些方法都利用浅层模型,只能挖掘网络的线性结构,与现实网络充满非线性结构的事实形成了鲜明的对比。网络表示学习算法的提出突破了基于拓扑网络表示的局限性和瓶颈。网络表示学习是将网络中的节点表示为低维向量的形式,得到的节点向量可以直接作为机器学习的输入应用于下游网络分析任务。因此,在获得的节点表示向量上运行 k-means 等聚类策略得到的节点聚类结果等价于在网络拓扑上进行社团发现得到的社团结构。这为社团发现算法的创新提供了新的思路和解决方案,开拓了社团发现算法研究的视野。随着网络表示学习研究的不断深入,其不仅在基于拓扑分析的社团发现算法和基于机器学习的聚类算法之间搭建了桥梁,还为深度学习模型在社团发现中的应用提供了可行性。相比于线性模型表示能力的局限性,深度模型可以挖掘和捕捉网络的非线性结构,并且拥有较小的复杂度。当节点连接稀疏时,它的计算复杂度与网络中的节点数呈线性关系。因此,利用深度模型对网络进行表示,然后在嵌入空间中发现社团结构,不仅可以保持计算速度和高效的性能,还拥有较强的可移植性和学习特征能力,对网络稀疏的问题也更有弹性。

如上分析可知,现有的网络表示学习方法都可以将得到的节点向量作为聚类策略的输入,进而得到社团结构。然而,大多数网络表示学习方法在学习的过程中只利用了网络的拓扑信息或属性信息,并没有探索面向社团结构的信息。因此,学习到的节点表示输入对于后续的社团发现是次优的。如何将网络表示学习和社团发现相结合,针对社团发现任务的特点学习节点表示,从而实现在大规模稀疏网络上的有效社团发现,因此可知:①在网络中属于同一个社团的节点,在节点低维表示空间中也应该彼此靠近;②低维嵌入空间应该具有良好的社团结构组织性,可以直接应用于后续聚类策略;③选择适合的深度神经网络提取网络的非线性结构特征,提高后续社团发现的性能。

5.2　问题定义

本章将网络定义为 $G=(V,E)$,其中 $V=\{v_1,v_2,\cdots,v_n\}$,是节点集合;$E\in V^2$,是边的集合;n 代表网络中的节点个数。设邻接矩阵 $A\in\mathbb{R}^{n\times n}$ 代表图 G 的拓扑结构,如果节点 v_i 和 v_j 之间有边连接,则 $A_{ij}=1$,否则 $A_{ij}=0$。

社团发现是将网络 $G=(V,E)$ 中 n 个节点划分为 k 个社团 $C=\{C_1,C_2,\cdots,C_k\}$ 的过程,其中社团内节点之间边的密度远远高于不同社团的节点之间边的密度。

5.3　相关工作

随着网络表示学习的不断发展和深度学习在网络表示学习中的广泛应用,基于网络表示学习的社团发现算法也逐渐进入研究者的视线,越来越多的研究员开拓思路,探索深度学习在社团发现中的可能性。基于深度学习的社团发现方法旨在利用一种新的面向社团的网络表示识别网络中的社团结构。通过学习策略将网络数据从原始输入空间映射到低维特征空间,从而得到新的网络表示,然后在新的网络表示上进行社团结构的挖掘。Tian 等[1]基于自编码器和谱聚类之间的相似性,提出了一种基于稀疏自编码器的图聚类方法——SAE。算法将归一化后的图相似度矩阵输入稀疏自编码器中,并通过在目标函数上引入 L_1 正则化项得到稀疏的非线性节点低维表示,然后对低维的节点表示运行 k-means 策略,得到最终的聚类结果。随后,Yang 等[2]证明了随机生成模型和最大化模块度模型与自编码器之间的等价性,两个模型都是通过寻找网络的低秩嵌入来重构网络拓扑,这与自编码器的目标不谋而合。然后,他们提出了一个半监督的深度神经网络社团发现方法——DNR(deep neural representation for community detection with nonlinear reconstruction),该算法将模块度矩阵作为自编码器的输入生成节点表示,然后对低维空间的节点向量表示利用 k-means 进行社团划分。Jin 等[3]受其启发,将保存了结构信息的模块度矩阵和保存了属性信息的马尔可夫矩阵进行串联作为自编码器的输入,得到融合两种信息的网络低维表示,然后在节点表示向量上运行聚类算法得到社团结构。Wu 等[4]首先基于意见领袖和更近邻策略重构邻接矩阵,得到空间邻近矩阵;然后提出一种基于自编码器和卷积神经网络的特征提取方法来提取重构矩阵的空间特征;最后在提取的空间特征上应用 k-means 算法获得社团结构。Cao 等[5]提出了一种基于栈式自编码器的社团发现算法,该算法通过结合网络拓扑和节点属性进行社团发现。进一步针对网络中拓扑结构和内容不匹配的情况,Cao 等[6]提出了一种基于自编码器的自适应社团发现方法——AAGR(adaptive autoencoder with graph regularization),通过在自编码器中加入图正则化项来合并内容信息,并引入自适应参数实现网络拓扑和节点属性权重的自动调整。SCD (silhouette community detection)[7]是一种基于网络节点嵌入聚类的社团发现方法,将社团发现和网络表示学习相结合,通过优化轮廓度量将社团发现问题转化为网络嵌入聚类任务。

5.4　基于深度网络表示学习的大规模网络社团发现方法

5.4.1　构建社团结构矩阵

根据概率生成模型,节点 v_i 和 v_j 之间有边相连,这是网络中可观察到的结构。有边相连的节点 v_i 和 v_j 大概率属于同一个社团,这是网络中未观察到的隐藏结构[8]。因为节点之间边的形成的原因很可能是它们属于同一个社团。换言之,两个节点之间边的生成一定程度反映了它们归属于一个社团的可能性。如图 5-1 所示,可观察到的结构是节点之间有边相连的,实际上隐藏了网络潜在的社团结构。

假设网络是无向的对称图,包含 n 个节点和 k 个社团。π_c 表示社团 c 的概率,网络中每个节点都有一定的概率属于一个社团,$\beta_{c,i}$ 表示社团 c 包含节点 v_i 的概率,且有 $\sum_{i=1}^{n}\beta_{c,i}=1$,$\beta_{c,i}$ 的值越大代表节点 v_i 在社团 c 中起的作用越大。节点 v_i 和 v_j 之间的边通过有限混合模型生成,具体步骤如下:①步骤 1:以 π_c 的概率选

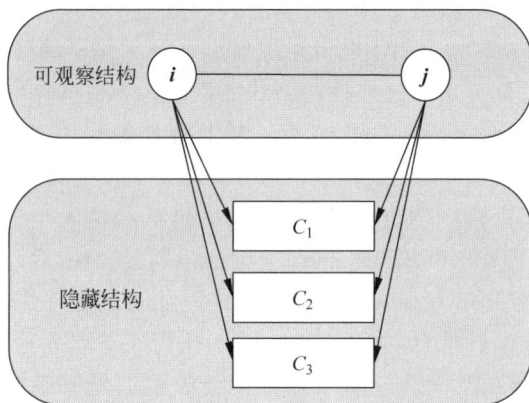

图 5-1 网络潜在社团信息示意图

择一个社团 c；②步骤 2：社团 c 以 $\beta_{c,i}$ 的概率选择节点 v_i；③步骤 3：同时社团 c 以 $\beta_{c,j}$ 的概率选择节点 v_j。假设步骤 2 和步骤 3 是独立的，那么节点 v_i 和 v_j 之间存在边的概率为

$$\Pr(e_{ij} \mid \pi, \beta) = \sum_{c=1}^{k} \pi_c \beta_{c,i} \beta_{c,j} \tag{5-1}$$

从上述模型可以得出结论，节点之间产生边的概率越大，它们属于同一个社团的概率也越大。因为 $\beta_{c,i}$ 和 $\beta_{c,j}$ 的数值增大，所以 $\Pr(e_{ij} \mid \pi, \beta)$ 才会增大。下面用一个简单的例子来说明，假设网络中有两个社团，并且 $\pi_1 = \pi_2 = 0.5$。情况一：$\beta_{1,i} = 1/2n$，$\beta_{2,i} = 2/n$，$\beta_{1,j} = 1/2n$，$\beta_{2,j} = 2/n$，通过式(5-1)得出节点 v_i 和 v_j 之间存在边的概率为 $\Pr(e_{ij} \mid \pi, \beta) = 17/8n^2$；情况二：$\beta_{1,i} = 2/n$，$\beta_{2,i} = 1/2n$，$\beta_{1,j} = 1/2n$，$\beta_{2,j} = 2/n$，那么 $\Pr(e_{ij} \mid \pi, \beta) = 1/2n^2$。显而易见，在第一种情况下节点之间产生边的概率要远远大于第二种情况，因为在第一种情况下，节点 v_i 和 v_j 大概率隶属于社团 C_2，所以它们之间有边的概率较大；而第二种情况，节点 v_i 大概率隶属于社团 C_1 而节点 v_j 大概率隶属于社团 C_2，因此它们之间存在边的概率较小。

综上所述，节点之间边的形成受网络中潜在社团结构的影响，节点之间存在边的概率越大，它们属于同一个社团的概率也越大。因此，可以通过最大化节点之间存在边的概率来挖掘网络中潜在的社团结构。基于此，本章根据节点潜在的社团成员相似性来量化节点的结构邻近度，从而构造保存网络潜在社团结构的矩阵 $\boldsymbol{X}$。

首先，设计函数 R 来衡量社团成员之间的结构相似度。引入社团关系指示矩阵 $\boldsymbol{H} \in \mathbb{R}^{n \times k}$，矩阵 $\boldsymbol{H}$ 的每一行 $\boldsymbol{h}_i$ 代表节点 v_i 隶属于每个社团的隶属度，$\boldsymbol{h}_i \boldsymbol{h}_j^{\mathrm{T}}$ 表示节点 v_i 和 v_j 之间存在边的概率，且有 $\boldsymbol{h}_i \boldsymbol{h}_j^{\mathrm{T}} \geqslant 0$。由此，设计如下节点相似度函数 R 来衡量节点 v_i 和 v_j 之间隶属于同一个社团的相似度：

$$R(i, j) = 2\sigma(\boldsymbol{h}_i \boldsymbol{h}_j^{\mathrm{T}}) - 1 = 2 \times \left(\frac{1}{1 + \mathrm{e}^{-\boldsymbol{h}_i \boldsymbol{h}_j^{\mathrm{T}}}}\right) - 1 \tag{5-2}$$

式中，$\sigma(\cdot)$ 为 sigmoid 函数，这样 $R(i,j) \in [0,1]$。因为函数 $R(i,j)$ 与 $\sigma(\boldsymbol{h}_i \boldsymbol{h}_j^{\mathrm{T}})$ 呈线性关系，本章主要讨论 $\sigma(\boldsymbol{h}_i \boldsymbol{h}_j^{\mathrm{T}})$。

　　根据概率生成模型可知，两个节点之间存在边的概率越大，即 $R(i,j)$ 越大，那么它们属于一个社团的概率就大。因此，对于网络中有边相连的节点 v_i 和 v_j，本章通过最大化 $\sigma(\boldsymbol{h}_i \boldsymbol{h}_j^{\mathrm{T}})$ 来捕捉网络潜在的社团结构。同时，对于网络中随机选择的两个节点，最小化 $\sigma(\boldsymbol{h}_i \boldsymbol{h}_j^{\mathrm{T}})$。网络通常是稀疏的，因此在网络中随机选择两个节点，它们之间有边的概率较低，隶属于一个社团的概率也较低。基于此，本章采用基于负采样的 Skip-gram 模型，对于任意两个节点 v_i 和 v_j 有

$$p(i,j) = A_{ij}\left(\ln\sigma(\boldsymbol{h}_i \boldsymbol{h}_j^{\mathrm{T}}) + \kappa\, \mathbb{E}_{v_n \sim P_V}\left[\ln\sigma(-\boldsymbol{h}_i \boldsymbol{h}_j^{\mathrm{T}})\right]\right) \tag{5-3}$$

式中，κ 为负采样的样本个数；网络中随机采样的节点样本 v_n 服从 $P_V(i) = \dfrac{d_i}{D}$，$d_i = \sum_j a_{ij}$ 是节点 v_i 的度，$D = \sum_i d_i$ 是网络中所有节点度的和；$\mathbb{E}$ 表示期望值，式（5-3）被重写为

$$p(i,j) = A_{ij}\ln\sigma(\boldsymbol{h}_i \boldsymbol{h}_j^{\mathrm{T}}) + \kappa\, \frac{d_i d_j}{D}\ln\sigma(-\boldsymbol{h}_i \boldsymbol{h}_j^{\mathrm{T}}) \tag{5-4}$$

　　接下来，通过对 $\boldsymbol{h}_i \boldsymbol{h}_j^{\mathrm{T}}$ 求偏导来优化式（5-4）：

$$\frac{\partial p(i,j)}{\partial(\boldsymbol{h}_i \boldsymbol{h}_j^{\mathrm{T}})} = A_{ij}\sigma(-\boldsymbol{h}_i \boldsymbol{h}_j^{\mathrm{T}}) - \kappa\, \frac{d_i d_j}{D}\sigma(\boldsymbol{h}_i \boldsymbol{h}_j^{\mathrm{T}}) \tag{5-5}$$

令偏导 $\dfrac{\partial p(i,j)}{\partial(\boldsymbol{h}_i \boldsymbol{h}_j^{\mathrm{T}})} = 0$，得到 $\boldsymbol{h}_i \boldsymbol{h}_j^{\mathrm{T}}$ 为

$$\boldsymbol{h}_i \boldsymbol{h}_j^{\mathrm{T}} = \ln\frac{A_{ij}D}{d_i d_j} - \log_2\kappa \tag{5-6}$$

综上所述，本章构建出保存了网络潜在社团信息的加权矩阵 $\boldsymbol{X} \in \mathbb{R}^{n \times n}$，矩阵 $\boldsymbol{X}$ 的元素 X_{ij} 为

$$X_{ij} = \max\{\boldsymbol{h}_i \boldsymbol{h}_j^{\mathrm{T}}, 0\} = \max\left\{\ln\frac{A_{ij}D}{d_i d_j} - \ln\kappa, 0\right\} \tag{5-7}$$

矩阵 $\boldsymbol{X}$ 中的元素值为节点之间受社团结构影响产生边的权重，其量化了节点之间社团结构的邻近度，反映了网络潜在的社团结构。

　　下面用一个简单示例来说明矩阵 $\boldsymbol{X}$ 的有效性。图 5-2(a) 是用邻接矩阵表示网络，如果节点之间有边相连，则边的权重为 1，否则为 0。邻接矩阵只能表示直接相连节点之间的关系，不能反映更高阶的社团结构信息。例如，节点 1 和节点 2、节点 1 和节点 5 在邻接矩阵中边的权重都为 1，但是节点 1 和节点 2 属于同一个社团，彼此的连接应该更加紧密。本章构建的矩阵 $\boldsymbol{X}$ 根据节点之间结构的紧密程度而生成，节点之间连接越密切，它们隶属于同一个社团的概率越大，节点之间边的权重也越大。同时，矩阵 $\boldsymbol{X}$ 将节点 1 和节点 5 之间的连接断开，默认两个拥有较大

度的相连节点很可能属于不同社团且在社团中担任边缘连接任务。这与 k-shell 分解法所提出的想法相吻合,即在网络中度越大的节点越可能在社团边缘担任不同社团之间的连接任务。综上所述,本章构建的矩阵 X 根据节点之间潜在的社团关系捕捉网络的社团结构,为后续的社团发现任务提供有力支撑。

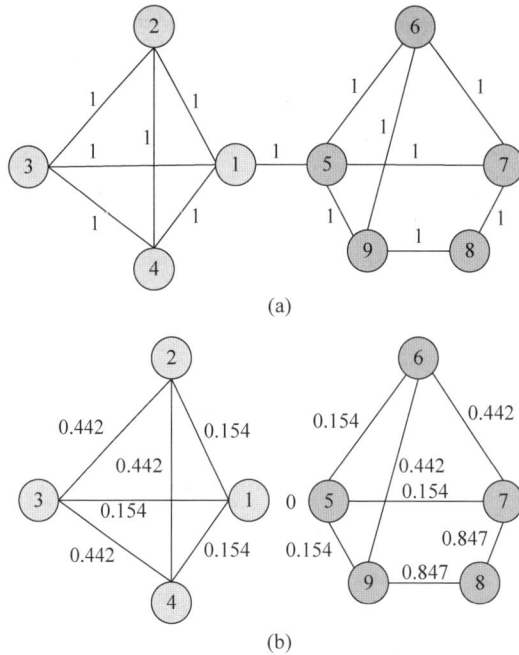

图 5-2　网络表示示例
(a) 邻接矩阵表示网络;(b) 矩阵 X 表示网络

5.4.2　生成面向社团信息的节点表示

基于网络嵌入的社团发现(community detection based on network embedding, NECD)算法将 5.4.1 节构建的矩阵 X 作为深度自编码器的输入,通过最小化重构损失生成面向社团结构的节点低维表示向量,确保属于同一个社团的节点在嵌入空间中彼此接近。算法将 X 矩阵的每一行 x_i 作为深度自编码器的输入,损失函数为

$$L = \sum_{i=1}^{n} \parallel \hat{x}_i - x_i \parallel_2^2 = \parallel \hat{X} - X \parallel_F^2 \tag{5-8}$$

通过训练自编码器使重构误差最小,保持嵌入空间与输入向量之间的相似性,在隐层的输出中最大限度地保留输入数据的特征,生成面向社团信息的节点表示。虽然节点之间的结构相似性并不被显式地捕获,但是,所有节点共享自编码器的参数,编码器期望将那些具有相似输入的节点映射到相似节点表示中,从而隐式地保留了相似性。因此,隐层最后一层输出的节点表示最大限度地保存了社团结构矩阵

X 的特征,将其应用于后续的社团发现算法有助于得到清晰准确的社团结构。

5.4.3　算法分析与优化

NECD 算法的目标函数式(5-8)可以通过随机梯度下降(stochastic gradient descent,SGD)法和误差反向传播(error back-propagation,BP)算法进行求解。基于深度网络表示学习的社团发现算法 NECD 的具体流程如算法 5-1 所示。

算法 5-1　NECD 算法

输入:图 $G=(V,E)$ 的邻接矩阵 $A \in \mathbb{R}^{n \times n}$,社团个数 k,参数 κ,节点表示维度 m

输出:社团结构 $C = \{C_1, C_2, \cdots, C_k\}$

1:根据式(5-7)构建潜在社团矩阵 X

2:**repeat**

3:　根据式(5-8)训练自编码器得到节点表示

4:**until converge**

5:对网络低维表示矩阵运行 k-means 聚类策略得到社团结构 $C = \{C_1, C_2, \cdots, C_k\}$

5.5　实验

5.5.1　数据集与对比方法

本章将 NECD 算法在真实数据集和人工数据集上与 4 个社团发算法进行大量的对比实验。在 4 个基线算法中,2 个是基于拓扑表示的传统社团发现算法(谱聚类算法 spectral[9]、基于对称非负矩阵分解的社团发现算法 SNMF[10]);1 个是基于自编码器的深度社团发现算法 DNR[2];还有 1 个是基于表示学习的算法 Deepwalk+k-means[11]。实验采用 NMI 和 purity 作为衡量社团发现算法性能的指标。

5.5.2　真实数据集性能分析

实验首先选取 9 个真实数据集①来验证 NECD 算法的有效性和准确度,实验数据集介绍如下,统计信息如表 5-1 所示。

表 5-1　真实数据集统计信息

数据集	节点数	边数	社团数
Zachary karate club	34	78	2
Football	115	613	12
Polbooks	105	441	4

---

① https://snap.stanford.edu/data/.

续表

数据集	节点数	边数	社团数
Polblogs	1 490	16 718	2
School friendship 6	68	220	6
School friendship 7	68	220	7
Dolphins	62	159	2
UAI2010	3 363	45 006	19
PubMed	19 717	44 338	3

(1) **Zachary karate club**：Zachary karate club 数据集是由美国一所大学的空手道俱乐部中 34 名成员构成的一个社交网络,34 名成员分为 2 个社团。

(2) **Football**：American college football 网络是 2000 年 115 只高校足球队参加美国高校足球联盟所构成的网络,节点是每只球队,节点之间的边代表两个高校足球队伍进行过对战比赛。

(3) **Polbooks**：Polbooks 网络是 2004 年美国总统大选期间根据读者在亚马逊网站上购买政治类书籍所构成的网络。亚马逊网站上被购买的书籍为网络中的节点,如果有读者同时购买两本书,则在这两本书之间添加边。网络中的节点被划为 3 个社团。

(4) **Polblogs**：Polblogs 网络是 2004 年美国总统大选期间,根据博客社交平台上博客之间相互转发关系所构成的网络。每篇博客为网络中的节点,如果一篇博客直接链接了另一篇博客,那么就在两个博客之间添加边。网络中的所有博客被划分为 2 个社团。

(5) **School friendship 6 和 School friendship 7**：School friendship 6 和 School friendship 7 网络是高校社交网络。网络中的节点为每个学生,根据每个人的自我陈述"谁是他的朋友",从而在两个人之间添加边,网络根据 7～12 年级共分为 6 个社团。其中,9 年级因为既有黑人学生又有白人学生,又分为两个子社团。

(6) **Dolphins**：Dolphin 网络是对 62 只宽吻海豚进行观察所构成的海豚社交网络。每个节点代表每个海豚,如果两只海豚频繁在一起嬉戏,则在两个节点之间添加边,由此构成了 Dolphin 社交网络。

(7) **UAI2010**：UAI2010 是维基百科数据集,由维基百科 2009 年 10 月出现在特色列表中的文章组成,其中包含 3 067 篇文章和 45 006 个链接,所有文章共分为 19 类。

(8) **PubMed**：PubMed 是 19 717 种科学出版物和 44 338 条链接组成的引文数据集,所有科学出版物共分为 3 类。

在本节中,NECD 算法同 4 个基线算法在 9 个真实数据集上进行对比实验,表 5-2 和表 5-3 所示分别为所有方法在 9 个数据集的 NMI 和 purity 实验结果。每个实验重复 20 次,并取平均值作为最终结果。

表 5-2　真实数据集社团发现的 NMI 结果

数据集	spectral	SNMF	Deepwalk＋k-means	DNR	NECD
Zachary karate club	0.726 5	0.897 2	0.843 5	1	**1**
Dolphins	0.855 2	0.815 4	0.848 7	0.895 7	**1**
School friendship 6	0.405 6	0.648 9	0.689 7	0.795 1	**0.885 8**
School friendship 7	0.453 9	0.674 1	0.697 8	0.819 5	**0.917 7**
Polbooks	0.489 7	0.458 3	0.472 4	0.493 6	**0.652 8**
Football	0.326 5	0.764 5	0.851 4	0.876 5	**0.937 9**
Polblogs	0.499 8	0.501 4	0.478 9	0.545 7	**0.781 2**
UAI2010	0.157 8	0.168 9	0.208 7	0.236 5	**0.295 4**
PubMed	0.098 7	0.138 2	0.198 7	0.204 2	**0.253 5**

表 5-3　真实数据集社团发现的 purity 结果

数据集	spectral	SNMF	Deepwalk＋k-means	DNR	NECD
Zachary karate club	0.813 6	0.901 2	0.876 5	1	**1**
Dolphins	0.873 5	0.862 4	0.886 8	0.989 5	**1**
School friendship 6	0.512 4	0.732 4	0.724 5	0.825 4	**0.923 5**
School friendship 7	0.598 4	0.756 5	0.715 4	0.842 1	**0.935 5**
Polbooks	0.621 4	0.503 5	0.489 5	0.523 5	**0.733 5**
Football	0.468 7	0.812 5	0.875 4	0.902 1	**0.956 2**
Polblogs	0.534 5	0.524 7	0.568 7	0.609 8	**0.823 5**
UAI2010	0.215 1	0.236 8	0.305 4	0.386 5	**0.452 5**
PubMed	0.315 8	0.474 2	0.516 8	0.571 4	**0.642 4**

　　如表 5-2 和表 5-3 所示，NECD 算法在所有真实数据集上都取得了最佳的社团发现性能。特别是在 Zachary karate club 和 Dolphins 数据集上取得了与真实社团结构完全相同的社团划分。与基于深度自编码器的 DNR 算法相比，NECD 算法在 Polblogs 数据集上的 NMI 和 purity 指标分别提高了 43.2％和 35％，在 UAI2010 数据集上分别提升了 24.9％和 17.1％。相比于基于网络表示方法的 Deepwalk＋k-means 算法，NECD 算法在 School friendship 6 和 School friendship 7 数据集上的 NMI 指标分别提高了 36.5％和 36.1％。虽然 Deepwalk＋k-means 算法也是基于网络表示的方法，但在嵌入空间中只捕捉了网络的微观结构没有保存面向社团结构的信息，因此对于后续社团发现任务是次优的。在规模较大的 PubMed 数据集上，NECD 算法相比于传统的 spectral 方法和 SNMF 算法在 NMI 指标上分别提高了 156.8％和 83.4％，凸显出 NECD 算法在大规模网络中相比于传统基于拓扑算法的优越性。综上所述，NECD 算法在真实数据集上获得了比较准确的社团划分结果，相比于其他社团发现算法更具有竞争力，特别是在较大规模的真实数据集上取得了优异的社团发现性能。

5.5.3　人工数据集性能分析

本节实验采用 Lancichinetti 等提出的 LFR 网络基准生成的幂律网络来评估 NECD 算法的有效性。实验通过 LFR 网络基准模型生成 5 个不同规模的人工数据集,从 LNetwork1 到 LNetwork5 网络规模呈递增趋势,具体的统计信息如表 5-4 所示。

表 5-4　LRF 人工数据集的统计信息

数据集	节点数	边数	社团数
LNetwork1	500	864	12
LNetwork2	1 000	4 734	21
LNetwork3	3 000	10 087	34
LNetwork4	5 000	30 045	42
LNetwork5	10 000	251 227	76

在人工数据集上的社团发现结果如图 5-3 和图 5-4 所示,通过实验结果可以得到以下结论。

(1) 在所有规模的人工数据集上,NECD 算法均取得了最高的 NMI 和 purity 值,获得了最优的社团发现性能。

(2) 特别是在规模较大的数据集 LNetwork4 和 LNetwork5 中,NECD 算法的性能明显优于基于拓扑表示的浅层模型 spectral 算法和 SNMF 算法。例如,在人工数据集 LNetwork5 上,NECD 算法相比于 spectral 算法在 NMI 和 purity 指标上分别提高了 85.6% 和 62.7%,相比于 SNMF 算法分别提升了 79.6% 和 59.9%。这证明在大规模数据集上,与基于拓扑表示的社团发现方法相比,本章所提出的基于网络表示的深度模型更具竞争力。这主要是因为 NECD 算法利用深度神经网络将网络映射到低维空间,然后在新的空间进行社团发现,能更好地捕捉网络的非线性结构,拥有较强学习特征能力,从而得到优异的社团结构划分结果。

(3) 与同样是基于网络表示的方法 Deepwalk + k-means 算法相比,NECD 算法取得了更准确的社团划分结果。这是因为 Deepwalk + k-means 算法虽然将网络中节点映射到低维空间然后运用聚类算法得到社团结构,但是低维节点表示只保存了网络的二阶和高阶邻近度,而 NECD 算法在节点表示中充分捕捉了网络潜在的社团信息,有助于提高后续社团发现任务的准确度。

5.5.4　参数分析与讨论

本节实验对 NECD 算法的参数进行分析和讨论。首先讨论自编码器深度对算法性能的影响,然后分析负采样样本个数 κ 对模型的影响。

1. 自编码器层数

实验分别在 Polbooks 数据集和 Football 数据集上实现 2、3 和 4 层的深度自

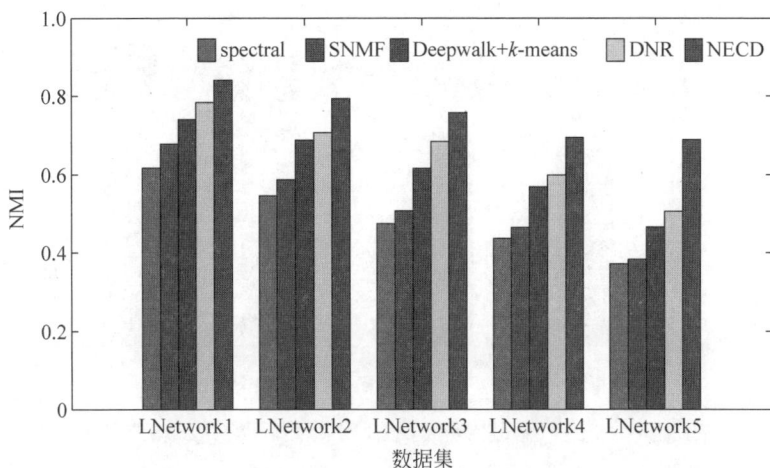

图 5-3 LFR 人工数据集上社团发现的 NMI 结果(见文后彩图)

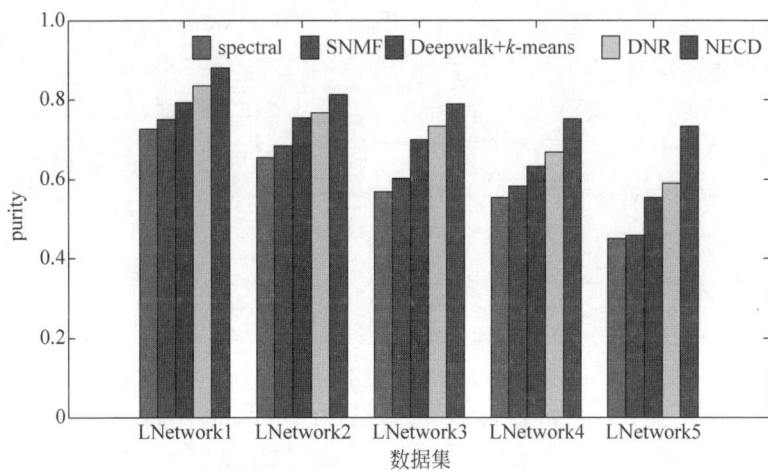

图 5-4 LFR 人工数据集上社团发现的 purity 结果(见文后彩图)

编码器结构,然后比较不同层数自编码器获得的社团发现性能。如图 5-5 所示,相比于 2 层结构的自编码器,3 层结构的自编码生成的低维节点表示获得了更好的社团发现性能,这是因为深层的神经网络结构可以捕捉更准确的网络信息,抽取更深层的网络潜在结构。在 Football 数据集中,4 层结构的自编码器相对于 3 层自编码器的社团发现结果有略微的下降,这可能是因为随着自编码器结构的加深,数据中一些重要的信息丢失,从而导致性能的下降。对于不同的数据集,不同深度的自编码器保留信息的程度不同,从而影响最终的社团划分结果。因此,针对不同的数据集,算法设置不同深度的自编码器结构。

2. 负采样个数 κ

对负采样的样本个数 κ 对模型的影响进行讨论。实验在 Football 数据集上变

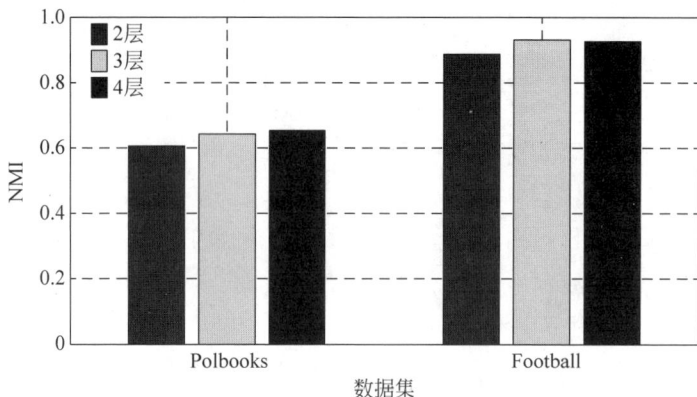

图 5-5　不同层数自编码器的社团发现结果(见文后彩图)

化 $\kappa=[1,13]$ 得出社团发现的结果。如图 5-6 所示,当 $\kappa\leqslant 9$ 时,算法获得了优异且稳定的社团发现性能。对于不同规模的数据集,κ 的取值将直接影响后续社团发现的性能。因此,在实验部分,在一定范围内变换 κ 的取值,将最佳社团发现结果作为实验的最终结果。

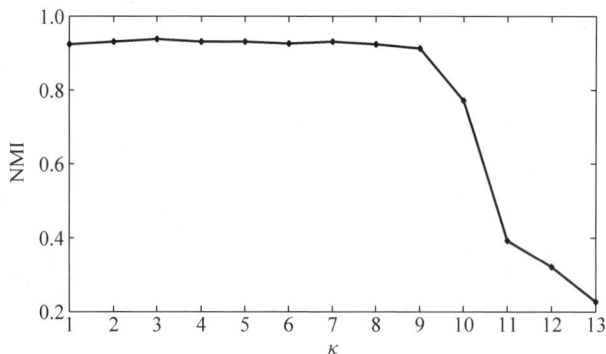

图 5-6　不同负采样个数的社团发现结果

5.6　本章小结

　　本章将网络表示学习和社团发现领域相结合,提出一种基于深度网络表示的社团发现算法——NECD 算法。NECD 算法首先采用基于负采样的 skip-gram 模型探索网络的潜在社团结构,构造保存社团信息的加权矩阵作为深度自编码器的输入,通过最小化重构损失获得面向社团结构的低维节点表示。然后将 k-means 聚类策略作用于节点低维表示向量获得最终的网络社团结构。相比于传统基于拓扑表示的社团发现算法,本章提出的 NECD 算法利用深度神经网络成功捕捉了网络的非线性结构,针对社团发现任务的特点学习了面向社团结构的节点表示,为后续获得准确的社团结构打下坚实的基础。本章在多个不同规模的真实数据集和人工数据集上进行了大量实验,实验表明 NECD 算法与其他基线方法相比取得了最佳的社团发现性能,获得了更准确的社团结构。这主要得益于本章针对社团发现任务的特点学习了适合的节点表示,由此可见理想的网络表示对后续网络分析任务的开展有很大的促进作用。

参考文献

[1]　TIAN F,GAO B,CUI Q,et al. Learning deep representations for graph clustering[C]//The 28th AAAI Conference on Artificial Intelligence,Québec City,2014: 1293-1299.

[2]　YANG L,CAO X,HE D,et al. Modularity based community detection with deep learning [C]//International Joint Conference on Artificial Intelligence,New York,2016: 2252-2258.

[3]　JIN D,GE M,LI Z,et al. Using deep learning for community discovery in social networks [C]//2017 IEEE 29th International Conference on Tools with Artificial Intelligence, Boston,2017: 160-167.

[4]　WU L,ZHANG Q,CHEN C H,et al. Deep learning techniques for community detection in social networks[J]. IEEE access,2020,8: 96016-96026.

[5]　CAO J,JIN D,YANG L,et al. Incorporating network structure with node contents for community detection on large networks using deep learning[J]. Neurocomputing,2018, 297: 71-81.

[6]　CAO J,JIN D,DANG J. Autoencoder based community detection with adaptive integration of network topology and node contents[C]//International Conference on Knowledge Science,Engineering and Management,Cham,2018: 184-196.

[7]　ŠKRLJ B,KRALJ J,LAVRAČ N. Embedding-based silhouette community detection[J]. Machine learning,2020,109(1): 161-219.

[8]　REN W,YAN G Y,LIAO X P,et al. Simple probabilistic algorithm for detecting community dtructure[J]. Phys Rev E Stat Nonlin Soft Matter Phys,2009,79(2): 036111.

[9]　ZHANG X,NEWMAN M E J. Multiway spectral community detection in networks[J]. Physical review E,2015,92(5): 052808.

[10]　WANG F,LI T,WANG X,et al. Community discovery using nonnegative matrix factorization[J]. Data mining and knowledge discovery,2011,22(3): 493-521.

[11]　MIKOLOV T,SUTSKEVER I,CHEN K,et al. Distributed representations of words and phrases and their compositionality[J]. Advances in neural information processing systems,2013,26: 3111-3119.

第6章

社团发现和网络表示学习的联合优化方法

6.1　引言

第5章将网络表示学习和社团发现任务相结合,提出一种基于深度网络表示学习的社团发现算法。该算法针对社团发现任务的特点生成面向社团信息的节点表示,进而提高后续社团发现的准确度。由此可见,理想的网络表示对准确挖掘网络中的社团结构有积极的促进作用。同时,社团结构作为表征网络结构的重要尺度描述,可以从介观角度对节点进行约束,为网络表示学习提供更多的信息。由此可见,社团发现和网络表示学习两个任务之间相辅相成,互相促进。但现有的大多数模型是将社团发现和网络表示学习作为两个独立的问题分开建模,没有充分利用两个任务之间相互促进的协同优势。基于此,本章提出一个社团发现和网络表示学习的联合优化框架,在统一的框架中对两个任务进行联合优化,生成高质量网络表示的同时也获得准确的社团结构划分。

网络表示学习的基本要求是节点的表示向量应该尽可能保持网络结构的固有特性[1]。根据这一要求,已经有很多网络表示算法被提出,现有的网络表示算法大多集中于利用微观结构来学习网络表示。例如,GraphGAN(graph representation learning with generative adversarial nets)[2]算法在嵌入中保持节点之间的一阶邻近度;LINE(large-scale information network embedding)[3]和 SDNE(structural deep network embedding)[4]算法考虑了节点之间的二阶邻近度;更进一步,

node2vec[5]，HOPE（high-order proximity preserved embedding）[6] 和 APP（asymmetric proximity preserving）[7] 算法利用高阶邻近度来对网络进行表示。本质上，这些方法主要关注网络的微观结构（microscopic structure），即节点之间的成对关系或相似性。社团结构作为网络最显著的特征，揭示了网络的潜在组织结构和功能组成，是网络的一种重要的介观结构（mesoscopic structure）。与微观结构不同，介观社团结构从全局的角度刻画网络，可以在更高的结构层面对节点表示施加约束。在现实网络中，同一社团中的节点倾向于紧密连接并且通常具有相同的属性或扮演相似的角色。因此，对于社团内的节点，即使网络的稀疏性导致节点之间的微观结构相关性较弱，它们也会因为受到社团结构的约束而增强。由此可见，在学习过程中融入社团结构，不仅能够促进生成更具表征性节点表示，还可以解决数据稀疏性的问题。同时，在低维向量表示中保存社团信息，也有助于在后续的社团发现任务中获得清晰的社团结构。

现有的大多数模型将社团发现和网络表示学习作为两个独立的问题分开建模，没有充分利用两个任务之间相互促进的协同关系。同时，忽略了网络中重要的节点属性信息。属性信息作为重要的网络特征，对提高网络表示的质量至关重要。在网络表示学习中融合属性信息也有助于挖掘更准确的社团结构。

6.2　问题定义

本章将带有属性的网络定义为 $G = (V, E, T)$，其中 $V = \{v_1, v_2, \cdots, v_n\}$ 是节点集合，$E \in (V \times V)$ 是边的集合，n 代表网络中节点的个数。设邻接矩阵 $A \subset \mathbb{R}^{n \times n}$ 代表图 G 的拓扑结构，如果节点 v_i 和 v_j 之间有边连接，则 $A_{ij} = 1$，否则 $A_{ij} = 0$。$T \in \mathbb{R}^{n \times d}$ 是属性矩阵，代表 n 个节点的属性信息，属性矩阵的第 i 行代表节点 v_i 的 d 维属性信息。本章用到的符号及定义如表 6-1 所示。

表 6-1　本章符号定义

符　　号	定　　义
G	属性网络
V	网络中的节点集合
E	网络中的边集合
n	网络节点数
m	网络表示维度
$A \in \mathbb{R}^{n \times n}$	网络邻接矩阵
$T \in \mathbb{R}^{n \times d}$	节点属性矩阵
$S^{(1)} \in \mathbb{R}^{n \times n}$	一阶邻近度矩阵
$S^{(2)} \in \mathbb{R}^{n \times n}$	二阶邻近度矩阵
$S \in \mathbb{R}^{n \times n}$	微观结构矩阵
$U \in \mathbb{R}^{n \times m}$	网络表示矩阵

续表

符　　号	定　　义
$B \in \mathbb{R}^{n \times n}$	模块度矩阵
$H \in \mathbb{R}^{n \times k}$	社团指示矩阵
$X \in \mathbb{R}^{k \times m}$	社团表示矩阵
$W \in \mathbb{R}^{n \times m}, V \in \mathbb{R}^{d \times m}$	辅助矩阵

6.3　相关工作

　　现有的网络表示学习研究大多利用网络的微观结构生成节点表示向量。保存微观结构的网络表示方法旨在捕捉直接连接或间接连接节点之间的局部结构信息,包括一阶和二阶邻近度等。随着研究者逐渐意识到社团结构对于网络表示的重要性,已经有研究尝试将社团结构融入网络表示学习中,并获得了理想的网络表示。Gong 等[8]提出了一种基于记忆算法的新型网络嵌入方法——MemeRep(memetic algorithm for network embedding),通过优化模块化密度和采用双层学习策略来有效保留网络的社区结构,并在多种网络分析任务中取得了优于现有方法的性能。Li 等[9]提出了一种基于进化算法的网络表示学习算法 EA-NE$_{Community}$(network embedding method based on evolutionary algorithm),该算法既保存了节点的局部邻近性,又保持了网络的社团结构,并且社团的数量可以在没有任何先验信息的情况下自动确定。该算法在多个网络分析任务上验证了其有效性,充分证明了社团结构对网络表示学习的重要性。ComVAE(community based variational autoencoder)[10]是一种基于社团的变分自编码器网络表示模型,模型由社团发现模块和深度学习模块组成,通过变分自编码器同时融合网络的局部结构和全局社团结构生成节点表示。GNE(galaxy network embedding)[11]在网络表示框架中不仅融入了社团信息而且还保存了从上到下的分层社团结构。COANE(community-oriented attributed network embedding)[12]是一种面向社团的属性网络嵌入方法,其提出了一种基于边缘的随机游走策略,在学习过程中共同保存网络的低阶邻近度和社团结构。

　　网络表示学习和社团发现作为复杂网络的重要研究内容受到越来越多研究者的关注,现有的方法大多是将两个任务分开建模。随着对网络表示学习和社团发现的深入研究,在同一个框架中对两个任务进行联合优化引起了研究者的兴趣,已有少量的文献对其进行了探索[13-14]。其中,Tu 等[15]提出了一种网络表示和社团发现的统一框架 CNRL(community-enhanced network representation learning for network analysis),该框架在充分考虑社团信息的基础上,将局部节点特征和全局社团模式共同嵌入节点表示中。同时检测每个节点的社团分布,进而获得网络的社团结构。Yang 等[16]提出了一种多面网络嵌入和社团发现的统一模型 MNE (multi-facet network embedding)，其分析了社团发现和网络嵌入的目标，并指出社团发现和网络表示问题存在一个通解，即"最大化相似节点之间的一致性，最大化不同节点之间的距离"。Sun 等[17] 将节点表示学习过程和社团发现过程相结合，提出一种面向聚类的网络表示学习算法 NEC（network embedding for node clustering）。该算法设计了一种基于图卷积网络的自编码器，在保存网络局部结构和节点属性信息的同时也保存了重要的社团结构。ComE（community embedding）[18] 模型将社团结构表示、节点表示和社团发现任务统一到同一框架中进行联合优化，同时解决以上三个问题。该模型首先对网络中的节点进行划分，得到每个节点所属社团的标签，然后将网络中的每个节点映射到低维空间得到节点表示向量，最后用节点的表示向量来拟合多元高斯分布，从而准确地表示社团嵌入。

6.4　社团发现和网络表示学习的联合优化方法

6.4.1　微观结构建模

1. 一阶邻近度

一阶邻近度 $S^{(1)} \in \mathbb{R}^{n \times n}$ 是指网络中直接相连节点之间的相似度。如果节点 v_i 和 v_j 直接相连，那么节点 v_i 和 v_j 之间的一阶邻近度为边的权值，否则为 0。一阶邻近度捕获节点之间的直接连接关系，是两个节点之间相似性的首要度量。

本章使用邻接矩阵 $A \in \mathbb{R}^{n \times n}$ 作为一阶邻近矩阵。假设两个节点直接连接，那么它们之间具有较高的一阶邻近度，在低维向量空间中应该彼此接近。如图 6-1（a）所示，节点 1 和节点 5 直接连接，一阶邻近度使它们在嵌入空间中彼此靠近。然而，节点 5 和节点 6 虽然没有直接连接，但它们共享许多共同的邻居（节点 1 和节点 7），本章也认为它们应该彼此相似。例如，有共同朋友的人往往拥有相似的兴趣爱好，因而成为朋友。由此可见，仅使用一阶邻近度表示网络会丢失许多节点之间的相似关系信息，不足以捕捉网络完整的网络微观结构。为了解决这个问题，本章引入二阶邻近度作为一阶邻近度的补充，以便更好地捕获网络微观结构。

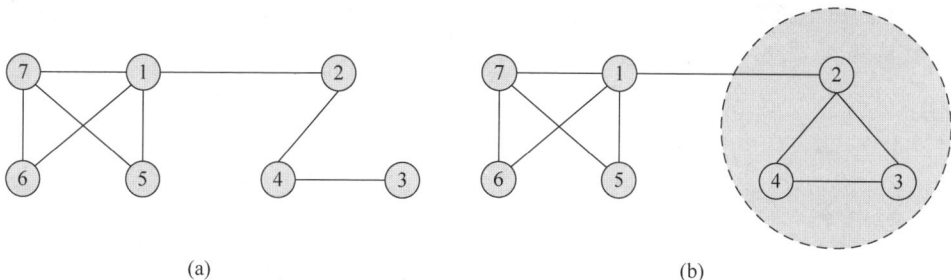

(a)　　　　　　　　　　　　　　(b)

图 6-1　一阶邻近度、二阶邻近度和社团结构说明

2. 二阶邻近度

二阶邻近度 $S^{(2)} \in \mathbb{R}^{n \times n}$ 是指节点邻域结构之间的相似度。$P_u = (S_{u1}^{(1)}, S_{u2}^{(1)}, \cdots, S_{un}^{(1)})$ 代表节点 v_u 和其他节点之间的一阶邻近度,那么节点 v_u 和 v_w 之间的二阶邻近度就是邻域结构 P_u 和 P_w 的相似度。本章采用标准余弦相似度计算节点之间的二阶邻近度,则有

$$S_{uw}^{(2)} = \frac{P_u P_w}{\| P_u \| \| P_w \|} \tag{6-1}$$

本章将网络的一阶和二阶邻近度相结合作为网络微观结构,网络微观结构邻近度定义为

$$S = S^{(1)} + \rho S^{(2)} \tag{6-2}$$

式中,ρ 是二阶邻近度权重参数。

对于网络微观结构,本章期望网络中具有相似微观结构的节点在嵌入空间中彼此靠近。也就是说在网络中直接相连或拥有共同邻居的节点被嵌入后彼此相近。因此,设网络表示矩阵为 $U \in \mathbb{R}^{n \times m}$,矩阵 U 的第 i 行代表节点 v_i 的嵌入表示向量。在 NMF 框架中,首先引入辅助矩阵 $W \in \mathbb{R}^{n \times m}$,然后利用网络表示矩阵 U 和辅助矩阵 W 去近似网络微观邻近度矩阵 S,即

$$\min \| S - WU^\mathrm{T} \|_F^2 \quad \text{s.t.} \ W \geqslant 0, U \geqslant 0 \tag{6-3}$$

式(6-3)将网络微观邻近度矩阵 S 分解为节点表示矩阵 U 和基础矩阵 W,利用微观结构信息指导网络表示矩阵 U 的学习过程,从而使网络表示矩阵保存了网络微观邻近度。

6.4.2　节点属性建模

节点属性邻近度是指给定一个网络 $G = (V, E, T)$,矩阵 $T \in \mathbb{R}^{n \times d}$ 表示节点属性,其中 d 为节点属性的维度,矩阵的每一行代表对应节点的属性向量时,节点属性相似度由属性向量 t_i 和 t_j 决定。

网络中的节点属性往往包含丰富的语义信息,对网络表示学习起着关键作用。本章期望具有相似属性的节点在低维空间中拥有相似的节点表示。因此,利用节点属性矩阵 $T \in \mathbb{R}^{n \times d}$ 来指导学习节点表示矩阵 U,从而使节点表示向量可以捕捉网络中的属性信息。通过引入辅助矩阵 $V \in \mathbb{R}^{d \times m}$,利用 NMF 框架对节点属性矩阵 T 进行分解,得到目标函数

$$\min \| T - UV^\mathrm{T} \|_F^2 \quad \text{s.t.} \ U \geqslant 0, V \geqslant 0 \tag{6-4}$$

最小化公式(6-4)中 T 和 UV^T 之间的损失,使节点表示向量融合节点属性信息。

6.4.3　介观社团结构建模

社团邻近度是指社团内节点的成对邻近度。本章将社团结构定义为一组节点,组内节点之间的联系比组外节点之间的联系更紧密,同一个社团内的节点总是

拥有相同属性。对于给定的网络,用社团指示矩阵 $H \in \mathbb{R}^{n \times k}$ 表示节点隶属于每个社团的概率,其中 k 是网络中社团的数量,h_{ij} 代表节点 v_i 隶属于社团 C_j 的概率。

不同于网络微观邻近度主要描述网络的局部结构,社团结构是通过整合网络所有的连接信息,分析整个网络的拓扑结构获得的。因此,社团结构是从介观的角度对网络潜在结构进行刻画,可以看作网络的全局结构。如图 6-1(a) 所示,在不考虑社团信息的情况下,节点 1 与邻居的结构相似度权值从局部结构角度是等价的。但从全局角度来看,节点 1 与同一社团节点之间的相似度应该比在不同社团节点之间的相似度更高。在只考虑相连关系时节点 2 和节点 3 虽然没有直接相连,如图 6-1(b) 所示,但它们属于同一个社团,往往拥有共同的性质,在嵌入空间中也应该有相似的节点表示。因此,在网络表示过程中利用社团结构,可以从介观角度对节点进行约束,为学习网络表示提供更多的信息。

本章通过最大化模块度算法获取社团结构,假设将具有 n 个节点和 e 条边的网络邻接矩阵 A 划分为 k 个社团。模块度被定义为社团内连接边的比例减去在同样社团结构下任意两个节点之间连接边的比例的期望值,即

$$Q = \frac{1}{4e} \sum_{i,j} \left(A_{ij} - \frac{w_i w_j}{2e} \right) \delta(h_i, h_j) \tag{6-5}$$

式中,假设网络有两个社团,如果节点 v_i 和节点 v_j 属于同一个社团,则 $\delta(h_i, h_j) = 1$,否则为 0。式(6-5)中,$w_i(w_j)$ 代表节点 $v_i(v_j)$ 的度;$e = \frac{1}{2} \sum_i w_i$ 是网络中边的总数量;$\frac{w_i w_j}{2e}$ 代表当网络中的边是随机放置时节点 v_i 和 v_j 之间存在边的可能性。通过引入模块矩阵 $B \in \mathbb{R}^{n \times n}$,模块度矩阵的元素 $B_{ij} = A_{ij} - \frac{w_i w_j}{2e}$,模块度为

$$Q = \frac{1}{4e} h^{\mathrm{T}} B h \tag{6-6}$$

式中,社团指示向量 h 是一个列向量,其长度等于网络中的节点数 n。向量中每个元素 h_i 表示第 i 个节点是否属于特定的社团。如果网络被划分为两个社团,h_i 可以取值为 1 或 0,分别表示节点 v_i 属于或不属于某个特定的社会团。最大化公式(6-6)已经被证明是一个 NP-难问题,本章通过允许变量 h_i 取 $-1 \sim 1$ 的任何实际值来放松问题,如 $h^{\mathrm{T}} h = 1$。下一步,将式(6-6)推广到社团数 $k > 2$ 的情况,引入社团指示矩阵 $H \in \mathbb{R}^{n \times k}$,将模块度重新表述为

$$Q = \mathrm{tr}(H^{\mathrm{T}} B H) \quad \text{s.t. } \mathrm{tr}(H^{\mathrm{T}} H) = n \tag{6-7}$$

通过最大化模块度可得到社团指示矩阵 H,矩阵 H 每一行最大值所对应的社团就是节点所属的社团。

为了在网络表示中融合社团结构,本章引入社团表示矩阵 $X \in \mathbb{R}^{k \times m}$ 作为辅助矩阵,矩阵 X 的每一行代表对应社团的低维表示。如果节点 v_i 的嵌入表示与社团 C_l 的表示相似,则节点 v_i 有较高的概率属于社团 C_l。因此,每个节点隶属

于社团的情况 UX^T 应该与社团指示矩阵 $H \in \mathbb{R}^{n \times k}$ 尽可能相近,即

$$\min \| H - UX^T \|_F^2 \quad \text{s. t. } U \geqslant 0, X \geqslant 0 \tag{6-8}$$

式(6-8)引入社团表示矩阵 $X \in \mathbb{R}^{k \times m}$,将网络表示矩阵 U 投影到社团指示矩阵 H 中,在节点表示中融入社团结构,使同一个社团中的节点在嵌入空间中也彼此靠近。

6.4.4 联合优化建模

FLGAI(fasing local structure,global structure,and attribute information)算法利用节点表示和社团结构的一致关系,在统一的框架中对社团发现和网络表示学习进行联合建模和优化,最终的目标函数为

$$\min_{W,U,H,V,X} \| S - WU^T \|_F^2 + \alpha \| H - UX^T \|_F^2 - \beta \text{tr}(H^T BH) + \lambda \| T - UV^T \|_F^2$$

$$\text{s. t. } W \geqslant 0, U \geqslant 0, H \geqslant 0, V \geqslant 0, X \geqslant 0, \text{tr}(H^T H) = n \tag{6-9}$$

式中,α、β 和 λ 分别为对应组件的权重参数。通过优化式(6-9),算法实现在统一的框架中对社团发现和网络表示学习两个任务的联合优化。对于网络表示学习,算法引入社团表示矩阵等辅助矩阵与三种信息矩阵建立一致关系,使节点表示矩阵 U 同时融合微观结构、介观社团结构和节点属性,最终的网络嵌入更具有表征性。不仅如此,节点低维向量表示也促进社团指示矩阵的优化,获得优化的社团指示矩阵 H 后,通过如下策略确定节点所属社团,最终获得网络社团结构 $C = \{C_1, C_2, \cdots, C_k\}$:

$$C_i = \underset{c=1,2,\cdots,k}{\text{argmax}} H_{ic} \tag{6-10}$$

式(6-9)是非凸函数,很难求得全局最优解。本章对一个变量进行优化,同时固定其他变量,循环迭代使目标函数收敛到局部最小。首先将整个目标函数的优化分解为几个子问题解决:①固定矩阵 X、V、U 和 H,更新 W;②固定矩阵 W、V、U 和 H,更新 X;③固定矩阵 W、X、U 和 H,更新 V;④固定矩阵 W、X、V 和 H,更新 U;⑤固定矩阵 W、X、V 和 U,更新 H。分别获得以下计算公式。

① W 的更新公式为

$$W \leftarrow W \odot \frac{SU}{WU^T U} \tag{6-11}$$

② X 的更新公式为

$$X \leftarrow X \odot \frac{H^T U}{XU^T U} \tag{6-12}$$

③ V 的更新公式为

$$V \leftarrow V \odot \frac{T^T U}{VU^T U} \tag{6-13}$$

④ **U** 的更新公式为

$$U \leftarrow U \odot \frac{S^{\mathrm{T}}W + \alpha HX + \lambda TV}{U(W^{\mathrm{T}}W + \alpha X^{\mathrm{T}}X + \lambda V^{\mathrm{T}}V)} \tag{6-14}$$

⑤ **H** 的更新公式为

$$H \leftarrow H \odot \sqrt{\frac{-2\beta B_1 H + \sqrt{O}}{8\gamma HH^{\mathrm{T}}H}} \tag{6-15}$$

式中,$O = 2\beta(B_1 H) \odot 2\beta(B_1 H) + 16\gamma(HH^{\mathrm{T}}H) \odot [2\beta AH + 2\alpha UX^{\mathrm{T}} + (4\gamma - 2\alpha)H]$,矩阵 B_1 的元素为 $\dfrac{k_i k_j}{2e}$。

6.4.5 算法分析与优化

根据上述矩阵 **W**、**X**、**V**、**U** 和 **H** 的更新规则,社团发现和网络表示学习的联合优化框架 FLGAI 的算法流程归纳为算法 6-1。

算法 6-1 FLGAI 算法

输入:网络 $G = (V, E, T)$ 的邻接矩阵 $A \in \mathbb{R}^{n \times n}$,属性矩阵 $T \in \mathbb{R}^{n \times d}$,参数 α, β, λ,节点表示维数 m

输出:最终的节点表示 **U**,社团结构 $\{C_1, C_2, \cdots, C_k\}$

1:初始化矩阵 **W**、**X**、**V**、**U**、**H**

2:计算一阶邻近度 $S^{(1)}$,通过式(6-1)计算二阶邻近度 $S^{(2)}$,通过式(6-2)计算局部邻近度 **S**

3:**repeat**

4: 根据式(6-11)更新矩阵 **W**

5: 根据式(6-12)更新矩阵 **X**

6: 根据式(6-13)更新矩阵 **V**

7: 根据式(6-14)更新矩阵 **U**

8: 根据式(6-15)更新矩阵 **H**

9:**until converge**

10:获得最终节点表示 **U**

11:根据式(6-10)获得网络社团结构 $\{C_1, C_2, \cdots, C_k\}$

首先对 FLGAI 算法的时间复杂度进行讨论。FLGAI 的时间复杂度要取决于更新规则中的矩阵乘法。式(6-11)～式(6-15)的计算复杂度分别为 $O(n^2 m + m^2 n)$、$O(knm + m^2 n)$、$O(nmd + m^2 n)$、$O(n^2 m + nmk + nmd + m^2 n + m^2 k + m^2 d)$ 和 $O(n^2 k + k^2 n + mnk)$。因为在大多数情况下,$k, m \ll n$,所以 FLGAI 算法的时间复杂度为 $O(n^2 m + m^2 k)$。

下面分析 FLGAI 算法的空间复杂度。对于一个网络 $G = (V, E, T)$,存储一个 $n \times n$ 的邻接矩阵 **A** 和一个 $n \times d$ 的属性矩阵 **T** 需要 $O(n^2 d)$ 的存储空间,矩阵 **W**、**X**、**V**、**U** 和 **H** 的分解分别需要空间 $O(nm)$、$O(km)$、$O(dm)$、$O(nm)$ 和 $O(nk)$。

因为 $k,m \ll n$，所以 FLGAI 算法的总体时间复杂度为 $O(n^2 d)$。

6.5 实验

本章在各种类型的真实数据集上进行大量实验来验证 FLGAI 算法的有效性，并在接下来的实验中回答以下研究问题：①与最先进的网络表示学习方法相比，FLGAI 算法得到的网络表示质量如何？②与社团发现的基线方法相比，FLGAI 算法能够准确地发现网络中的社团结构？③FLGAI 算法中参数的设置对算法性能的影响如何？

6.5.1 数据集与对比方法

本章在 6 个真实网络数据集上验证 FLGAI 算法的有效性，分别为 Cornell、Texas、Washington、Wisconsin、Citeseer 和 Cora，真实数据集的统计信息如表 6-2 所示。

表 6-2 真实数据集的统计信息

数据集	节点数	边数	属性数	社团数
Cornell	195	34	1 703	5
Texas	187	328	1 703	5
Washington	230	446	1 703	5
Wisconsin	265	530	1 703	5
Citeseer	3 312	4 732	3 703	6
Cora	2 708	5 429	1 433	7

1. Cora

Cora 是一个引文网络，包括 2 708 篇科学论文和 5 278 篇论文之间的引文链接。每个出版物的使用一个具有 1 433 维的 0/1 值向量作为属性。网络中得所有论文被分为 7 类。

2. Citeseer

Citeseer 是引文网络，包括 3 312 篇科学论文和 4 660 篇论文之间的引文链接。每个出版物都使用 3 703 维向量表示其属性。出版物根据不同的研究领域，分为 6 个类别。

3. WebKB

WebKB 数据集由四所大学 Cornell，Texas，Washington 和 Wisconsin 的子网组成。其中 Cornell 由 195 个网页和 304 条链接组成，Texas 由 187 个网页和 328 条链接组成，Washington 由 230 个网页和 446 条链接组成，Wisconsin 由 265 个网页和 530 条链接组成。每个网页都与 1 703 维属性向量相关联。此外，每个子网按照课程、学生、教员、项目和工作人员的标签划分为 5 类。

本章分别从网络表示学习和社团发现两个方面评估算法的有效性。对于网络表示学习,实验选取 6 个先进算法作为对比算法,分别为 Deepwalk,LINE,node2vec,M-NMF(modularized nonnegative matrix factorization),AANE(accelerated attributed network embedding)和 UWMNE(unified weight-free multi-component network embedding)。对于社团发现,实验选取 2 个算法作为基线算法,分别为 SCI(semantic community identification in large attribute networks)和 PAICAN(novel probabilistic generative model)。

1) 网络表示学习基线算法

(1) Deepwalk[11]:Deepwalk 算法通过随机游走捕捉网络的二阶和高阶邻近度来学习节点表示。Deepwalk 仅利用微观结构信息学习网络表示。

(2) LINE[3]:LINE 算法通过保持一阶和二阶邻近度来学习网络表示。与 Deepwalk 类似,LINE 只利用了网络的微观结构信息。

(3) node2vec[5]:node2vec 引入有偏随机游走机制捕捉网络的二阶邻近度和高阶邻近度进行网络表示学习。node2vec 方法也只利用了微观结构信息学习网络表示。

(4) M-NMF[19]:M-NMF 算法通非负矩阵分解框架同时嵌入网络的微观结构和社团结构生成网络表示。

(5) AANE[20]:AANE 利用矩阵分解框架融合网络结构和节点属性学习有效的网络表示。AANE 将属性邻近度融合到网络表示中。

(6) UWMNE[21]:UWMNE 采用深度自编码器模型学习网络节点表示,将保存了网络结构的模块度矩阵和保存了节点属性的马尔可夫矩阵作为自编码器的输入,利用深度神经网络同时融合网络结构和节点属性。

2) 社团发现基线算法

(1) SCI[22]:SCI 是基于非负矩阵分解的社团发现方法,算法通过融合内容信息提高社团发现的准确率,在准确挖掘网络社团结构的同时对社团进行语义描述。

(2) PAICAN[23]:PAICAN 是一种基于概率生成模型的社团发现方法,算法利用节点属性和网络结构进行准确的社团结构划分,同时实现异常信息的检测。

在本章实验中,FLGAI 算法采用网格搜索方法对参数 α,β 和 λ 进行微调。在每个数据集上设置参数 α、β、$\lambda = \{0, 0.01, 0.1, 1, 10, 100\}$,并对其进行迭代调整,直至全部收敛。然后利用网格搜索,在最后一个最优值附近的小空间内进一步对各参数进行微调。其他的基准方法均采用原文中推荐的参数设置。

6.5.2　网络表示学习任务性能分析

为了评估 FLGAI 算法对网络表示学习的性能,本节实验分别将生成的低维节点表示应用于节点分类和节点聚类任务进行验证。

1. 节点分类

本节通过在真实数据集上进行节点分类任务验证 FLGAI 算法的性能。节点分类是网络分析研究的重要内容之一,在真实网络中往往只有一部分节点有标签,节点分类任务是利用网络中有标签的节点预测网络中没有标签节点的标签。实验采用 K 最近邻分类算法(K-nearest neighbor,KNN)作为分类方法,并使用准确率(accuracy),Micro-F1(Mi-F1)和 Macro-F1(Ma-F1)作为衡量节点分类性能的评价指标。Mi-F1 首先计算所有类别的总的真正例(TP)、假正例(FP)和假负例(FN)的数量,然后根据这些总数来计算整体的精确率(precision)和召回率(recall),precision=TP/(TP+FP),recall=TP/(TP+FN),最后根据精确率和召回率计算 F1 分数:

F1=2 * (precision * recall)/(precision+recall)。Ma-F1 分别计算每个类别的精确率(precision)和召回率(recall),然后根据这些指标计算每个类别的 F1 分数。最后对所有类别的 F1 分数求算术平均值,得到 Ma-F1。

为了减少随机训练样本选择带来的方差,所有实验都进行 20 次,并取平均值作为最终的实验结果。

1)实验 1

实验 1 是在 80% 训练比例下,测定所有数据集上各算法的节点分类性能。实验 1 在每个数据集中随机选取 80% 的节点作为训练集来训练一个 KNN 分类器,剩下的节点作为测试集用于比较不同算法的性能。表 6-3 和表 6-4 所示分别为不同网络表示学习方法在所有数据集上的节点分类性能。

表 6-3　节点分类的 ACC 结果

数据集	Cornell	Texas	Washington	Wisconsin	Citeseer	Cora
Deepwalk	0.345 8	0.580 2	0.468 4	0.435 4	0.469 8	0.451 2
LINE	0.465 7	0.568 7	0.501 2	0.532 4	0.585 9	0.589 8
node2vec	0.379 8	0.533 5	0.389 3	0.415 7	0.484 8	0.468 4
M-NMF	0.512 4	0.634 7	0.498 5	0.553 0	0.548 9	0.617 6
AANE	0.538 5	0.738 9	0.559 6	0.786 8	0.639 4	0.641 5
UWMNE	0.685 3	0.745 2	0.607 3	0.787 3	0.668 3	0.659 7
FLGAI	**0.717 9**	**0.825 8**	**0.612 5**	**0.806 5**	**0.681 4**	**0.714 1**

注:加粗数字表示最佳结果。

表 6-4　节点分类的 Micro-F1 和 Macro-F1 结果

数据集		Cornell	Texas	Washington	Wisconsin	Citeseer	Cora
Deepwalk	Mi-F1	0.322 4	0.475 1	0.376 2	0.365 4	0.348 9	0.382 7
	Ma-F1	0.202 3	0.235 5	0.285 5	0.284 1	0.294 1	0.367 9
LINE	Mi-F1	0.333 8	0.465 7	0.388 2	0.398 7	0.384 7	0.433 1
	Ma-F1	0.156 5	0.216 5	0.321 4	0.307 1	0.346 8	0.401 6

续表

数据集		Cornell	Texas	Washington	Wisconsin	Citeseer	Cora
node2vec	Mi-F1	0.371 1	0.479 7	0.434 2	0.406 7	0.413 5	0.408 4
	Ma-F1	0.221 4	0.243 2	0.388 4	0.335 5	0.368 4	0.377 4
M-NMF	Mi-F1	0.471 6	0.571 1	0.480 1	0.512 4	0.481 2	0.531 2
	Ma-F1	0.382 5	0.437 5	0.400 7	0.456 5	0.419 5	0.506 8
AANE	Mi-F1	0.506 0	0.715 2	0.511 3	0.660 6	0.507 2	0.516 1
	Ma-F1	0.425 7	0.641 8	0.443 1	0.602 5	0.454 4	0.465 7
UWMNE	Mi-F1	0.564 5	0.735 2	0.525 1	0.680 6	0.587 2	0.626 1
	Ma-F1	0.507 3	0.651 0	0.475 2	0.609 8	0.513 5	0.577 5
FLGAI	Mi-F1	**0.641 4**	**0.793 6**	**0.551 2**	**0.719 2**	**0.615 4**	**0.697 4**
	Ma-F1	**0.574 5**	**0.656 8**	**0.499 7**	**0.638 7**	**0.535 5**	**0.631 9**

注：加粗数字表示最佳结果。

如表 6-3 和表 6-4 所示，FLGAI 算法在节点分类任务上的性能优于所有对比方法。与只利用了网络微观结构的 Deepwalk，LINE 和 node2vec 算法相比，FLGAI 算法在 Wisconsin 数据集上的 ACC 指标分别提高了 85.2%，51.5% 和 94%。这证明了仅利用微观结构不足以生成满意的网络表示。与同时利用了网络微观结构和社团结构的 M-NMF 算法相比，FLGAI 算法在 Texas 数据集上的 Micro-F1 和 Macro-F1 指标分别提高了 39.8% 和 50.1%。虽然 M-NMF 算法在网络表示学习过程中也利用了社团结构，但忽略了网络中重要的节点属性信息。在 Cornell 数据集上，与次优方法 UWMNE 相比，FLGAI 算法在 Micro-F1 和 Macro-F1 上分别提高了 13.6% 和 13.2%。

2）实验 2

实验 2 是在 10%～90% 不同训练比例下，测定 Cora 数据集上各算法的节点分类性能。

实验 2 随机选取 10%～90% 的节点作为训练集，在 Cora 数据集上进行节点分类任务。从表 6-5 可以看出，在所有情况下，FLGAI 算法的性能都优于其他基线算法。同时，随着训练数据比例的增加，所有算法的性能都有所提高。总的来说，FLGAI 算法在节点分类任务上取得了优异的性能。这主要得益于 FLGAI 算法在表示学习过程中融合了多尺度的信息，将网络的一阶和二阶邻近度相结合作为网络的微观结构，同时利用介观社团结构和重要节点属性信息。在统一的框架中对多尺度信息进行联合优化及互相补充，得到具有表征性的节点表示。

表 6-5　不同训练比例下节点分类在 Cora 数据集的 ACC 结果

训练比例	10%	20%	30%	40%	50%	60%	70%	80%	90%
Deepwalk	0.415 4	0.419 8	0.426 8	0.436 8	0.439 1	0.440 2	0.445 7	0.451 2	0.462 1
LINE	0.502 1	0.512 4	0.528 7	0.538 7	0.541 8	0.562 1	0.569 1	0.589 8	0.597 4
node2vec	0.405 3	0.428 7	0.430 1	0.432 1	0.442 4	0.453 3	0.462 1	0.468 4	0.469 7

训练比例	10%	20%	30%	40%	50%	60%	70%	80%	90%
M-NMF	0.461 8	0.493 1	0.505 3	0.526 8	0.558 5	0.571 7	0.606 1	0.617 6	0.647 6
AANE	0.481 3	0.502 0	0.512 4	0.543 4	0.562 7	0.586 4	0.620 9	0.641 5	0.665 8
UWMNE	0.508 3	0.525 6	0.526 7	0.563 6	0.590 3	0.601 2	0.640 9	0.659 7	0.697 5
FLGAI	**0.542 4**	**0.562 3**	**0.597 9**	**0.618 7**	**0.648 4**	**0.661 7**	**0.691 3**	**0.741 4**	**0.748 9**

注：加粗数字表示最优结果。

2. 节点聚类

本节通过节点聚类任务评估 FLGAI 算法所生成网络表示的质量。节点聚类任务是一种无监督的任务,旨在将网络中的节点划分为多个簇,使同一簇中的节点比不同簇中的节点更为相似。对于节点聚类,实验采用 k-means 算法对学习到的节点表示进行聚类,并采用 ACC 和 NMI 作为评价指标。为避免初始值选择对实验结果的影响,每次实验进行 20 次,并取平均值作为最终结果。图 6-2 和图 6-3 所示分别为在所有数据集上节点聚类任务的 ACC 和 NMI 结果。

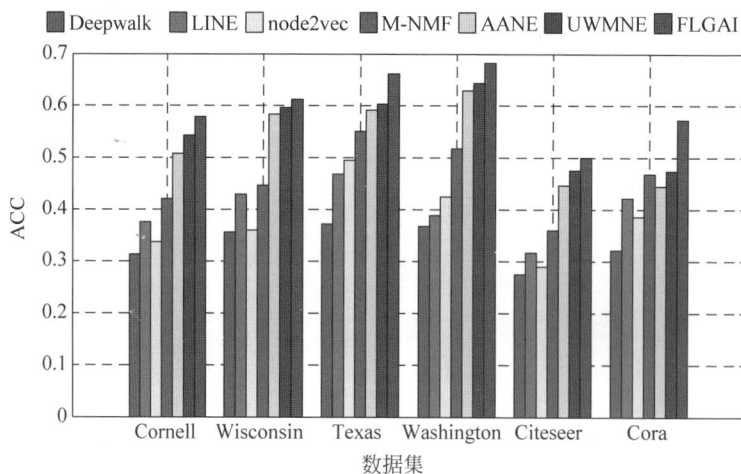

图 6-2　节点聚类的 ACC 结果(见文后彩图)

由图 6-2 和图 6-3 的聚类结果可以得到以下结论。

(1) FLGAI 算法在所有数据集上的节点聚类性能始终优于其他基线方法,获得最高的 ACC 和 NMI 值。例如,在 Cornell 数据集上,FLGAI 算法的 ACC 值比 AANE 和 M-NMF 分别高出 13.9% 和 37.4%。在 Cora 数据集上,FLGAI 算法比次优基线算法 UWMNE 在 ACC 指标上提高了近 20.8%。FLGAI 算法获得优异的节点聚类性能的主要原因是,算法不仅融合局部网络结构和丰富的属性信息,还利用网络最重要的介观社团结构,在网络表示中最大限度地保留网络结构及其固有特性。

(2) FLGAI 算法不仅取得优异的聚类结果而且在所有数据集上表现稳定。其

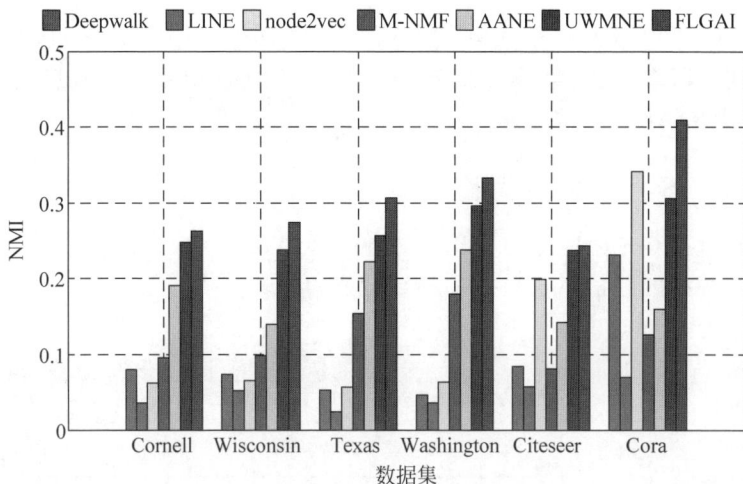

图 6-3　节点聚类的 NMI 结果（见文后彩图）

他基准算法如 node2vec 虽然在 Cora 数据集上表现优异,但在其他数据集上表现不理想。这可能是因为 FLGAI 算法在网络表示中融合多尺度信息,对于不同网络固有属性带来的挑战具有鲁棒性。综上所述,在节点聚类任务中,FLGAI 取得优异的聚类性能并且拥有较好的稳定性。

6.5.3　社团发现任务性能分析

为了评估 FLGAI 算法在社团发现任务上的有效性,实验选取 5 个真实数据集,将 FLGAI 算法与 2 个社团发现算法 SCI 和 PAICAN 进行比较,并采用 ACC 作为评价指标。所有算法在 5 个真实数据集上的 ACC 如图 6-4 所示,FLGAI 算法在所有数据集上均取得了最好的社团发现结果,这证明 FLGAI 算法对于社团发现任务的有效性。值得注意的是,在较大规模的稀疏网络 Citeseer 和 Cora 中,

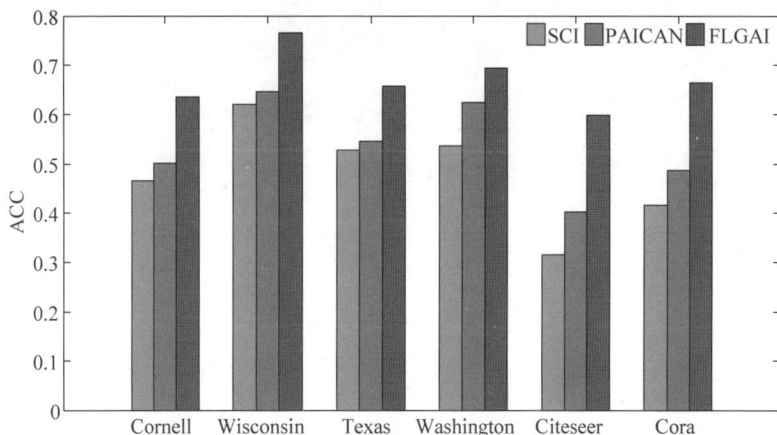

图 6-4　社团发现的 ACC 结果（见文后彩图）

FLGAI算法取得了明显优于其他算法的性能,这是因为算法在统一框架中联合优化社团发现和网络表示学习两个任务,融入多尺度网络信息,多种尺度信息之间互补,能够有利地解决网络稀疏问题。

6.5.4　参数分析与讨论

本节通过在 Cornell、Texas、Washington 和 Wisconsin 4 个数据集上进行节点分类任务来分析参数 α、β、λ 和 m 对模型性能的影响。

1. 节点表示维度 m

首先讨论节点表示维度 m 对模型性能的影响。实验将节点表示维度 m 设置为{20,60,100,120},然后讨论不同节点表示维度下节点分类任务的性能。图 6-5

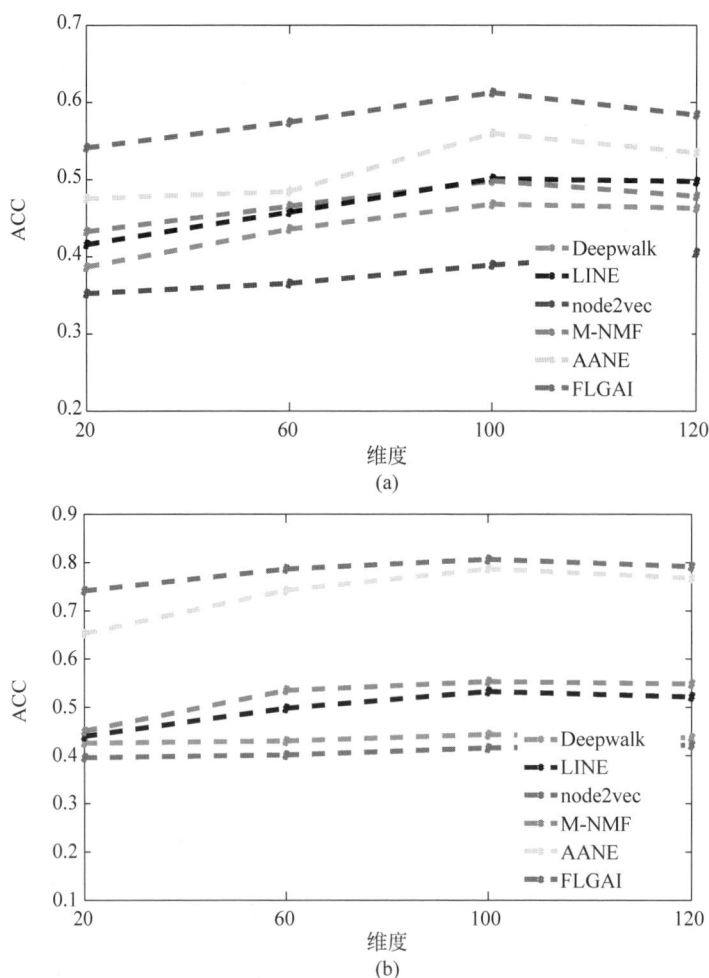

图 6-5　不同节点表示维度下的节点分类结果(见文后彩图)
(a) Washington;(b) Wisconsin

所示为在 Washington 数据集和 Wisconsin 数据集上不同表示维度的节点分类结果。实验省略在其他数据集上的结果,因为它们在这个实验中有相似的趋势。图 6-5 的结果表明,随着网络表示维数的增加,FLGAI 算法在节点分类任务上的性能逐渐提高,当维数大于一定阈值时,性能变得稳定。这可能是因为随着节点表示维数的增加,更多有用的信息被融入表示中。然而,当维数大于一定阈值时,过大的节点表示维度也带来噪声和冗余信息,从而削弱网络表示的节点分类能力。因此,选择合理的网络表示维数尤为重要。从图 6-5 可以看出,当维数大于 100 时,提出的方法对网络表示维数不是很敏感。同时,在所有的表示维度下,FLGAI 算法都比其他方法获得了更高的 ACC 值,这表明融合更多的信息确实有助于增强网络表示在网络分析任务上的性能。

2. 三种信息权重参数 α,β 和 λ

参数 α,β 和 λ 分别代表目标函数中微观结构、社团结构和节点属性的权重。实验通过固定一个参数,在 $\{0.1, 0.5, 1, 5\}$ 范围内改变其他两个参数观察 FLGAI 算法在节点分类任务中的性能,从而分析参数对模型的影响。

图 6-6 和图 6-7 所示分别为不同参数组合下 FLGAI 算法在 Cornell 和 Texas 数据集上的节点分类结果。如图 6-6 和图 6-7 所示,当 $\alpha=1, \beta=1, \lambda=5$ 时,FLGAI 在 Cornell 数据集上得到了最优的社团发现结果。在 Texas 数据集上,当 $\alpha=0.5, \beta=1, \lambda=5$ 时,FLGAI 算法获得的 ACC 最高。对于不同的数据集,得到最优结果的 α,β 和 λ 值各不相同,这是因为不同网络中微观邻近结构、社团结构和节点属性对于网络的影响各不同。

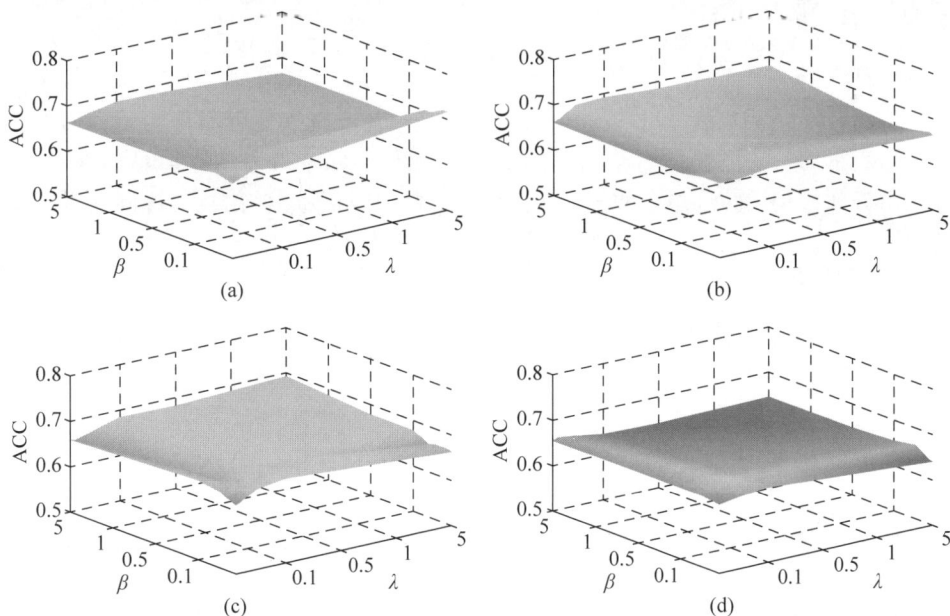

图 6-6　Cornell 数据集不同参数组合的节点分类结果(见文后彩图)

(a) $\alpha=0.1$; (b) $\alpha=0.5$; (c) $\alpha=1$; (d) $\alpha=5$

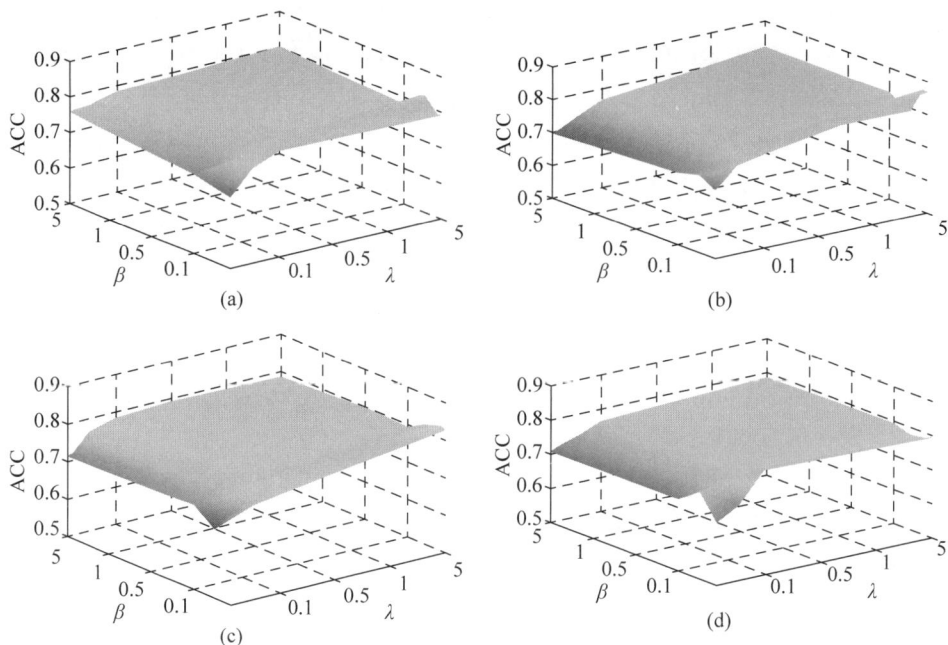

图 6-7 Texas 数据集不同参数组合的节点分类结果(见文后彩图)
(a) $\alpha=0.1$; (b) $\alpha=0.5$; (c) $\alpha=1$; (d) $\alpha=5$

6.6 本章小结

本章提出了一个社团发现和网络表示学习的联合优化框架。在统一的框架中对两个任务进行联合优化,形成一个互相促进的闭环,发现准确的社团结构的同时获得高质量的网络表示。FLGAI 算法基于 NMF 框架实现多尺度信息的融合,同时利用微观结构、介观社团结构和节点属性信息共同学习网络表示,得到更具辨识度和信息性的网络表示。在框架中引入社团表示矩阵,同时优化基于模块度的社团发现模型,获得准确的网络社团结构。实验结果表明,在网络表示学习任务中,FLGAI 算法相比于先进的基准方法在节点分类和节点聚类任务中都取得了优异的性能。在社团发现任务中,FLGAI 算法与其他社团发现算法相比也获得了更准确的社团划分结果。

参考文献

[1] ZHANG D, JIE Y, ZHU X, et al. Network representation learning: a survey[J]. IEEE transactions on big data, 2020, 6(1): 3-28.

[2] WANG H, WANG J, WANG J L, et al. GraphGAN: graph representation learning with

generative adversarial nets[C]//The 32nd AAAI Conference on Artificial Intelligence，Hawaii，2018：2508-2515.

[3]　TANG J，QU M，WANG M，et al. LINE：large-scale information network embedding[C]// The 24th International Conference on World Wide Web，Florence，2015：1067-1077.

[4]　WANG D，CUI P，ZHU W. Structural deep network embedding[C]//The 22nd ACM SIGKDD International Conference on Knowledge Discovery and Data Mining，San Francisco，2016：1225-1234.

[5]　GROVER A，LESKOVEC J. Node2vec：scalable feature learning for networks[C]//The 22nd ACM SIGKDD international conference on Knowledge discovery and data mining，San Francisco，2016：855-864.

[6]　OU M，CUI P，PEI J，et al. Asymmetric transitivity preserving graph embedding[C]//The 22nd ACM SIGKDD International Conference on Knowledge Discovery and Data Mining，San Francisco，2016：1105-1114.

[7]　ZHOU C，LIU Y，LIU X，et al. Scalable graph embedding for asymmetric proximity[C]// The 31th AAAI Conference on Artificial Intelligence，San Francisco，2017：2942-2948.

[8]　GONG M G，CHEN C，XIE Y，et al. Community preserving network embedding based on memetic algorithm[J]. IEEE transactions on emerging topics in computational intelligence，2020：108-118.

[9]　LI M，LIU J，WU P，et al. Evolutionary network embedding preserving both local proximity and community structure[J]. IEEE transactions on evolutionary computation，2020，24(3)：523-535.

[10]　SHI W，HUANG L，WANG C D，et al. Network embedding via community based variational autoencoder[J]. IEEE access，2019：25323-25333.

[11]　DU L，LU Z，WANG Y，et al. Galaxy network embedding：a hierarchical community structure preserving approach[C]//The 27th International Joint Conference on Artificial Intelligence，Stockholm，2018：2079-2085.

[12]　GAO Y，GONG M，XIE Y，et al. Community-oriented attributed network embedding[J]. Knowledge-based systems，2020，193：105418.

[13]　MA X，DONG D，WANG Q，et al. Community detection in multi-layer networks using joint nonnegative matrix factorization [J]. IEEE transaction on knowledge and data engineering，2019，31(2)：273-286.

[14]　LI B，PI D，LIN Y，et al. DNC：a deep neural network-based clustering-oriented network embedding algorithm [J]. Journal of network and computer applications，2020，173：102854.

[15]　TU C，WANG H，ZENG X，et al. Community-enhanced Network Representation Learning for Network Analysis[EB/OL]. (2016-11-21)[2018-07-04]. http://arXiv. org/pdf/1611. 06645v1.

[16]　YANG L，GUO X，CAO X. Multi-facet network embedding：beyond the general solution of detection and representation [C]//the 32nd AAAI Conference on Artificial Intelligence，New Orleans，2018：499-506.

[17]　SUN H，HE F，HUANG J，et al. Network embedding for community detection in attributed networks[J]. ACM transactions on knowledge discovery from data，2020，14

（3）：1-25.

[18]　CAVALLARI S, ZHENG V W, CAI H, et al. Learning community embedding with community detection and node embedding on graphs[C]//The ACM on Conference on Information and Knowledge Management, Singapore, 2017: 377-386.

[19]　WANG X, CUI P, WANG J, et al. Community Preserving Network Embedding[C]//The 31th AAAI Conference on Artificial Intelligence. San Francisco, 2017: 203-209.

[20]　HUANG X, LI J, HU X. Accelerated attributed network embedding[C]//The SIAM International Conference on Data Mining, Indiana, 2017: 633-641.

[21]　JIN D, GE M, YANG L, et al. Integrative network embedding via deep joint reconstruction [C]//The 27th International Joint Conference on Artificial Intelligence, Stockholm, 2018: 3407-3413.

[22]　WANG X, JIN D, CAO X, et al. Semantic community identification in large attribute networks[C]//The 30th AAAI Conference on Artificial Intelligence, Phoenix, 2016: 265-271.

[23]　BOJCHEVSKI A, GÜNNEMANN S. Bayesian robust attributed graph clustering: joint learning of partial anomalies and group structure[C]//The 32nd AAAI Conference on Artificial Intelligence, New Orleans, 2018: 2738-2745.

第7章

社团发现在卫星通信地球站组网规划中的应用

7.1 引言

卫星通信因其可实现远距离通信,并且具备成本与距离无关,广播成本固定,通信频带宽、通信容量大和组网机动灵活等特点,在国防军事、应急救援、民用通信等领域都得到了广泛的应用。卫星通信系统由卫星和地面通信地球站两部分组成。卫星通信是指地球站之间通过人造地球卫星作为中继站实现通信。在同步卫星通信网络中,当地球站之间满足天线对准同一颗卫星、在共同波束覆盖范围内且传输体制相同等通信条件时,地球站之间可以通过一颗地球同步通信卫星进行通信,将其称为一跳通信或者单跳通信,如图 7-1(a)所示。如图 7-1(b)所示,如果经过一颗卫星不能到达目的地球站则需通过地面关口站转发,则至少通过两颗通信卫星实现通信,将其称为两跳通信。可以看出,相比于一跳通信,两跳通信的传播时延更久。对于同步卫星,地球站经过卫星转发到达另一个地球站的传播时间远远大于传统地面通信。在对时效性有要求的应用场景,如卫星电话、视频会议、实时定位和交互式游戏等,高传播时延会导致较差的用户体验。因此,在卫星通信中,卫星通信的跳数决定着应用服务的质量。不仅如此,相比于一跳通信,两跳通信需要经过两次卫星转发,因此占用了更多的卫星信道资源,也消耗更多的卫星转发器资源。

伴随着卫星通信系统的更新换代和技术发展,卫星通信地球站的数量逐渐增

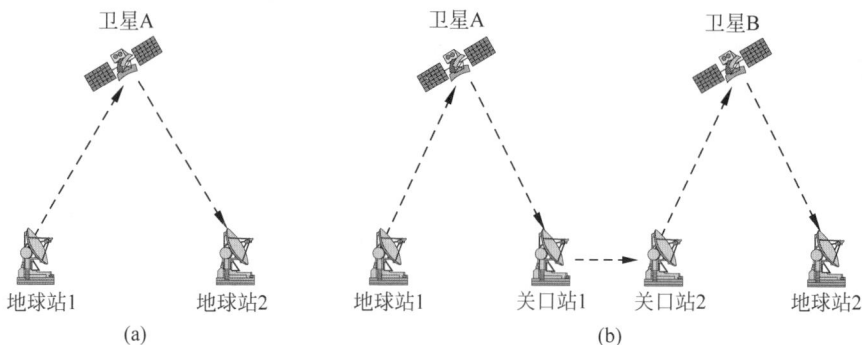

图 7-1 一跳通信和两跳通信示意图
(a) 一跳通信；(b) 两跳通信

多，一个地球站可以实现和多个不同卫星进行通信。因此，将哪些地球站规划到一个网络中通过一颗卫星连接进行通信就成了亟须解决的问题，也由此引出了卫星通信地球站的组网规划问题。作为卫星通信网络管理的有效手段，合理高效的组网规划方法至关重要。下面对卫星通信地球站的组网规划问题进行简要说明，如图 7-2 所示，地球站之间的边代表地球站之间的通信关系，在卫星 A 和卫星 B 的波束覆盖下，假设 7 个地球站(SE1-SE7)的通信参数相同，任意两个地球站之间都可以实现相互通信，既可以通过卫星 A 通信也可以通过卫星 B 通信。最简单的组网规划方式是将所有地球站组成一个子网通过卫星 A 或者卫星 B 进行通信，但这样的组网规划会造成负载不均衡的情况。由于卫星的转发资源有限，合理的组网规划方案应该将通信量大、通信频繁和通信任务紧急的地球站划分到一个子网，使它们之间的通信尽量为一跳通信；同时将通信量小、通信不频繁的地球站划分到不同子网，使不同子网之间的地球站通过两跳实现通信。从而达到减少通信时延和网络平均跳数以及充分利用同步卫星转发器资源的目的。因此，有效的组网规划方案应该将 7 个地球站根据通信流量和通信关系划分为红色和蓝色两个子网。以上对地球站组网规划是基于卫星通信网络不发生动态变化的前提假设，即针对一个时间片的网络进行组网规划。现实中的卫星通信网络往往伴随着地球站之间流量的改变、通信的建立和取消等呈现出动态变化的特征。因此，动态通信网络的组网规划需要同时利用通信关系和组网演化特征对动态变化的卫星通信网络做出合理的组网规划方案，相比于静态的组网规划问题更具有挑战性。

现有的卫星网络管理系统主要通过人工分析组网规划需求，由操作员手动对卫星资源进行分配，存在组网规划效率低和无法最优利用卫星资源等问题。特别是随着通信需求和地球站数量的逐渐增加，人工操作基本无法实现对较大规模地球站有效的组网规划。近年来，有少数的研究开始关注卫星通信网络的组网规划问题[1-3]，邵东生等[1]提出了一种基于社团发现的卫星通信地球站组网规划方法，该方法利用凝聚式层次聚类思想，将每个节点看作一个社团，通过不断迭代计算节

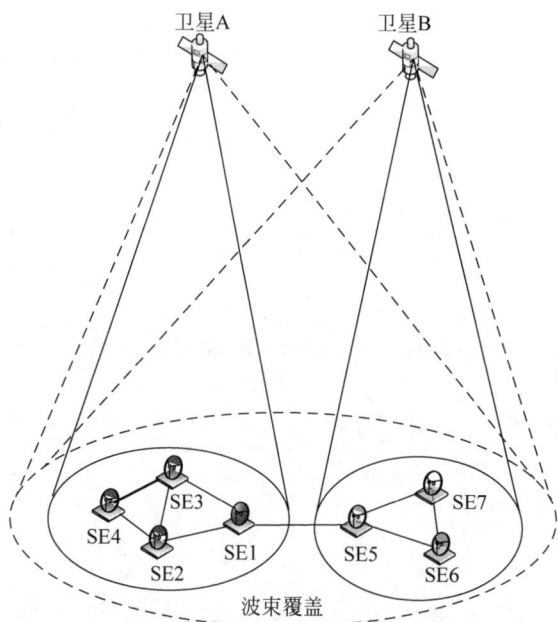

图 7-2　静态卫星通信网络组网规划示意图

点合并成为一个社团的平均传播时延,而最终获得组网。其初步探索了社团发现方法在卫星地球站组网问题中的可能性,并取得了可行的方案。严佳洁等[2]以卫星波束的负载均衡为优化目标,提出了一种面向异构通信卫星的组网方法,算法利用启发式算法实现短时间内的地球站组网规划。虽然这些方法对卫星通信网络的组网规划问题展开了研究,但仍然存在两个问题:一是无法满足较大规模地球站的高效组网,随着通信需求和地球站的不断增加,已有方法无法对较大规模地球站实现高效和最优的组网规划;二是无法对动态变化的卫星通信网络进行组网规划。现有方法主要研究静态通信网络的组网规划问题,忽略了网络的动态性。在现实生活中,卫星通信网随着地球站之间通信流量和通信关系的改变呈现动态变化的特性,然而无论是传统的人工操作还是已提出的组网规划方案都很难及时观测到网络的动态变化并对变化的地球站实时地进行合理的组网规划。

　　卫星通信网实际是地球站经由卫星进行数据交互形成的通信网络。地球站中的通信单元可以看作卫星通信网络中的节点,通信单元之间的通信关系看作边,整个卫星通信网络可以抽象为一个图结构。卫星通信地球站组网规划的目标是将将通信频繁、通信量大的地球站通信单元组到一个子网,使同一个子网中的通信单元通过一颗卫星进行通信;将通信频率低、通信量小的通信单元划分到不同子网,使不同子网的通信单元通过两颗卫星转发进行通信。从而降低网络的平均传播时延和平均跳数,提高通信质量并实现通信资源的合理利用。复杂网络中的社团发现任务是将网络中的节点划分为若干社团,使社团内节点之间的连接密度远远高于不同社团的节点之间的连接密度,这与卫星通信地球站组网规划的目标不谋而合。基于以上分析,本章利用社团发现方法解决卫星通信网络的组网规划问题。

7.2　问题定义

为了描述卫星通信地球站组网规划问题,本章首先对其进行建模和形式化描述。将地球站形式化表示为 $SE = \{SEid, Coord, SERF, SEPo, G_t, G_r, \{CU\}\}$,其中 $SEid$ 为地球站的标识;$Coord$ 为二元组(x_i, y_i),用来表示地球站的经纬度坐标;$SERF$ 为地球站天线所支持的射频工作频段,在实际系统中射频工作频段可以划分为 C,Ku,Ka 等,假设每个地球站只配备一幅单频段的天线;$SEPo$ 为地球站的天线极化方式;G_t 和 G_r 分别为地球站信号的发送和接收幅度增益(分贝,dB);$\{CU\}$ 为地球站配置的信道单元集合,地球站之间的通信实质通信单元之间的通信。

形式化地,将地球站的信道单元表示为 $CU = \{CUid, \{Mode\}, \{Rate\}, V_s\}$。其中,信道模式组合$\{Mode\}$表示信道单元支持的传输体制集合,包括信道编码、载波调制和多址接入方式等;类似地,$\{Rate\}$表示信道单元所支持的信号传输速率集合,通常为离散的数据集合,如$\{500kbit/s, 1Mbit/s, 1.5Mbit/s\}$,在实际通信中,可以选用其中一个支持的信号传输速率进行信号传输;V_s 表示地球站低噪声放大器的最低接收电平,其单位为 mV。

对于地球同步卫星,本章将其形式化表示为 $Sat = \{Satid, SRF, SPo, Area\}$。假设卫星均为多波束卫星,且只有一副天线,$SRF$ 为卫星支持的射频频段;SPo 为卫星天线的极化方式;$Area$ 表示卫星波束的覆盖地理范围,卫星覆盖范围 $Area$ 为各个波束覆盖范围的并集 $Area = Area_1 \cup Area_2 \cup Area_3$,波束覆盖区是通信广播卫星的通信广播天线波束照射的区域,该区域内的各个地球站可以通过卫星互相通信。

卫星通信地球站组网规划的目标是根据各通信单元之间的通信流量,通过子网划分实现通信量大的通信单元组在一个子网中,通过单跳卫星通信,而通信量小的单元划分到不同子网,通过两跳卫星进行通信。各子网可以形式化地描述为 $Net = \{Sat, \{CU\}, \{Mode\}, \{Rate\}\}$,其中$\{CU\}$表示子网内的信道单元集合,它们可能来自同一个或者不同的地球站;$\{Mode\}$为子网的传输体制集合,对应信道单元共同支持的一组信道模式;$\{Rate\}$为收发信道单元共同使用的数据传输速率集合;Sat 表示为子网进行服务的通信卫星;$\{TP\}$是分配给该子网的卫星转发器集合,可以是一个也可以是多个。

在一次组网规划任务中,对于任意两个通信单元,能够进行组网的约束条件为:地球站 Sat_a 的地理位置 $Goord_a$ 和地球站 Sat_b 的地理位置 $Coord_b$ 位于同一颗卫星 SE_n 的覆盖范围 $Area_n$,即

$$\exists \mathrm{Sat}_n, \mathrm{Coord}_a \in \mathrm{Area}_n \bigcap \mathrm{Coord}_b \in \mathrm{Area}_n \tag{7-1}$$

地球站 Sat_a 的天线工作频率 SERF_a、地球站 Sat_b 的天线工作频率 SERF_b 和卫星 SE_n 的工作频率 SRF_n 相同,即

$$\exists \mathrm{Sat}_n, \mathrm{SRF}_n = \mathrm{SERF}_a = \mathrm{SERF}_b \tag{7-2}$$

地球站 Sat_a 的天线的极化工作模式 SEPo_a、地球站 Sat_b 的天线的极化工作模式 SEPo_b 和卫星 SE_n 的天线的极化工作模式 SPo_n 相同,即

$$\exists \mathrm{Sat}_n, \mathrm{SPo}_n = \mathrm{SEPo}_a = \mathrm{SEPo}_b \tag{7-3}$$

加入同一个网络中的信道单元需要信号满足可接收条件,假设地球站的中频发射信号电平均为 V_{t_0},地球站 Sat_a 的发送幅度增益 G_{t_a} +接收幅度增益 G_{r_b} +转发器增益 G_{p_m} −传输损耗至少应达到目的地球站 Sat_a 的接收敏度门限 V_{s_a},其中 $A_{ab} = A_{ba}$ 表示星地链路上下行总的传输损耗,通常包括自由空间损耗、大气衰减和天线跟踪损耗等,主要受天气和传输距离的影响。即

$$\exists \mathrm{TP}_m \in \mathrm{Sat}_n, V_{t_0} + G_{t_a} + G_{p_m} + G_{r_b} - A_{ab} \geqslant$$
$$V_{s_a} \bigcap V_{t_0} + G_{t_b} + G_{p_m} + G_{r_a} - A_{ba} \geqslant V_{s_b} \tag{7-4}$$

加入同一个网络的信道单元 CU_{ac} 和 CU_{bd} 的传输体制必须使用同一种传输体制且传输速率兼容,即

$$\exists \mathrm{Mode}, \mathrm{Mode} \in \{\mathrm{Mode}\}_{ac} \bigcap \mathrm{Mode} \in \{\mathrm{Mode}\}_{bd} \tag{7-5}$$

$$\exists \mathrm{Rate}, \mathrm{Rate} \in \{\mathrm{Rate}\}_{ac} \bigcap \mathrm{Rate} \in \{\mathrm{Rate}\}_{bd} \tag{7-6}$$

由上可知,通信单元是否具有互通条件,能够组到同一个子网是在多约束条件下的复杂规划问题。本章对组网条件做了进一步的假设。

(1)所有地球站的天线均可调整到指向同一颗卫星。

(2)地球站信道单元的传输体制为{频分多址(FDMA)、时分多址(TDMA)、码分多址(CDMA)}中的一种。

(3)卫星和收、发地球站三者天线的工作射频为{C,Ku,Ka}三个波段中的一种。

(4)收发地球站的天线极化方式与卫星的天线极化方式相同。

(5)每个地球站的功放增益和天线增益都足够大,即任意2个地球站中的通信单元都存在可互通能力。

7.3 动态卫星通信网络的组网规划方法

现实的卫星通信网络通常伴随着地球站之间通信流量的改变、通信关系的建立和取消等情况,呈现动态变化的特征。例如,在通信过程中,随着通信需求的变化,地球站之间的通信流量也时刻发生变化;突发的应急任务也可能会导致地球站组织关系发生变化;编制体制的调整会引起通信隶属关系的改变;新地球站加入和地球站故障而退出组网等情况也会引起卫星通信网络发生动态变化。随着卫

星通信网络的动态变化,需要及时对变化后的网络重新进行组网规划。研究卫星通信地球站的动态组网规划问题更加贴合实际卫星通信网络情况,相比于静态组网规划也更具挑战性。

对于随时间不断演化的动态卫星通信网络,本章将其建模为一系列时间序列的网络快照。卫星通信地球站动态组网规划的目标如下:一是在每个时刻对当前通信网络进行分析,充分利用连续时刻的组网演化特征,对卫星通信地球站进行准确的组网。将通信量大的通信单元划分到一个子网中,使其实现单跳卫星通信,将通信量小的通信单元划分到不同子网中;二是能够捕捉地球站的组网趋势,为下一时刻的组网规划决策提供有力支撑。对于不断演化的卫星通信网络,有两种典型的动态变化情况:第一种是通信流量发生变化;第二种是通信关系发生变化。图 7-3 和图 7-4 分别对两种情况下卫星通信地球站的动态组网规划进行说明,为了方便说明问题,这里组网的对象为地球站。图 7-3(a)和图 7-4(a)所示分别为 $t-1$ 时刻两种情况下地球站之间构成的通信连接关系,地球站之间边的权重为地球站之间的通信量,根据卫星通信地球站的组网规划目标,在 $t-1$ 时刻将通信量大的地球站划分为两个社团{SE1,SE2,SE3,SE4}和{SE5,SE6,SE7},分别由红色阴影和蓝色阴影表示,两个社团中的地球站分别构成两个通信子网 A 和 B。图 7-3(b)和图 7-4(b)右侧分别展示了在 t 时刻通信流量和通信关系发生变化的情况下对地球站进行动态组网规划。下面对两种动态变化情况下的组网规划进行简要说明。

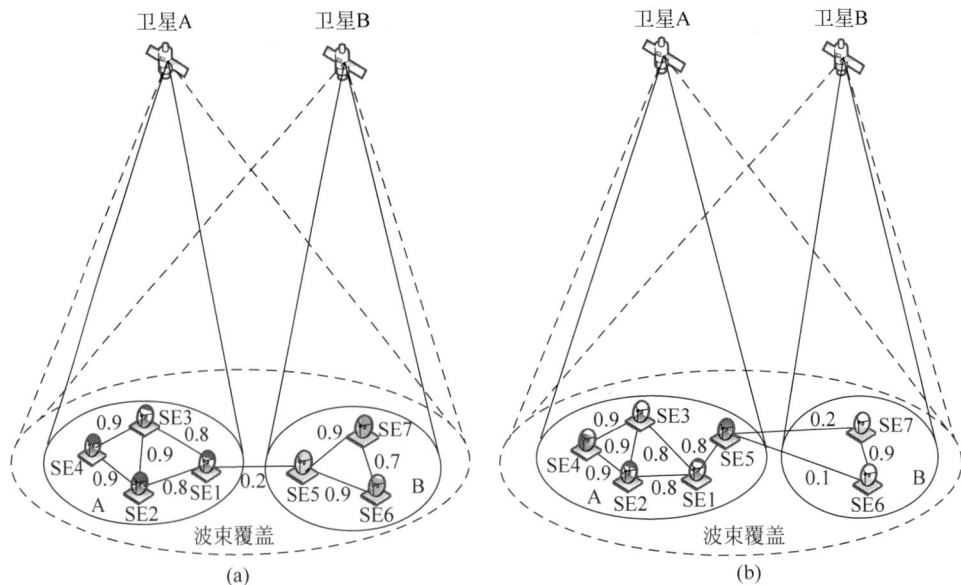

图 7-3 动态卫星通信网络组网规划示意图(通信流量变化)

(a) $t-1$ 时刻;(b) t 时刻

(1) 地球站之间通信流量发生变化。在通信过程中,随着通信需求的不断变

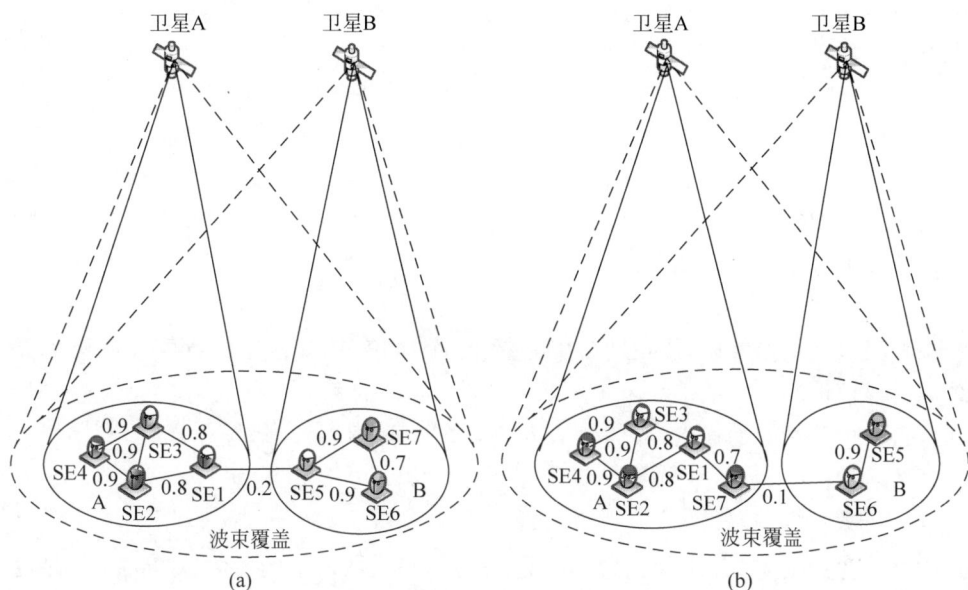

图 7-4　动态卫星通信网络组网规划示意图（通信关系变化）

（a）$t-1$ 时刻；（b）t 时刻

化，地球站之间的通信流量也时刻发生变化。如图 7-3 所示，在 t 时刻地球站 SE1
与 SE5 之间的通信量突然增大，即 SE1 与 SE5 之间边的权值由 0.2 变为 0.8；地
球站 SE5 与 SE6、SE7 的通信流量减少，即 SE5 与 SE6 之间边的权值由 0.9 变为
0.1，SE5 与 SE7 之间边的权值由 0.9 变为 0.2。随着地球站之间通信流量的变
化，地球站 SE5 与 $t-1$ 时刻同一子网 B 中的 SE6 和 SE7 通信量变小，与子网 A 中
的 SE1 通信量变大。因此，在 t 时刻将地球站 SE5 组网到子网 A 中更为合理。在
t 时刻对组网情况进行及时调整和更新后，将此时通信量大的地球站｛SE1，SE2，
SE3，SE4，SE5｝划分到一个社团中组成子网 A，将通地球站｛SE，SE7｝划分到一
个社团组成子网 B。

（2）地球站之间通信关系发生变化。在通信过程中，由于突发应急任务引起
地球站组织关系发生变化或因为编制体制调整引起通信隶属关系的改变都会导致
地球站之间通信关系发生变化。如图 7-4 所示，在 t 时刻地球站 SE5 与 SE1、SE7
之间的通信关系消失，即 SE5 与 SE1、SE7 之间的边消失；地球站 SE1 与 SE7 产生
新的通信关系，即 SE1 与 SE7 之间有边新增。因此，在 t 时刻将 SE7 组在子网 A
中更加合理。在 t 时刻对网络进行新的组网规划后，地球站｛SE1，SE2，SE3，
SE4，SE7｝组在子网 A 中，而地球站｛SE5，SE6｝组在子网 B 中。

　　针对动态卫星通信网络的组网规划问题，本章提出动态通信网络组网规划方
法 Dynamic-SEN（dynamic satellite earth network）。Dynamic-SEN 算法在每个时
刻根据当前的通信关系和组网演化特征对通信网络进行自动组网，得到每个时刻

最优的组网方案,同时还能实现对组网趋势的预测,为之后的组网规划提供有力支撑。

在卫星通信网络中,地球站之间通过通信单元进行通信,从而产生关联。地球站的通信单元可以看作卫星通信网络中的节点,通信单元之间的通信关系看作边,边的权重为通信单元之间的通信量。因此,可以用一个通信矩阵来表示卫星通信网络。对通信矩阵表示的卫星通信网络进行社团结构的挖掘,可以将通信量大的通信单元划分到一个社团内,得到可行的组网规划方案。

1. 通信矩阵

在卫星通信网络中,假设网络中共有 N 个通信单元,根据任意两个通信单元之间的通信情况构建通信矩阵 $\boldsymbol{C} \in \mathbb{R}^{N \times N}$,矩阵 $\boldsymbol{C}$ 的每一行代表对应通信单元与其他通信单元之间的通信量,任意两个通信单元的通信量 C_{ij} 为

$$C_{ij} = \sum_{l}^{k_{ij}} r_{ijl} \tau_{ijl} \tag{7-7}$$

式中,k_{ij} 为通信单元 i 和 j 的通信次数;τ_{ijl} 为第 l 次通信的通信时间;r_{ijl} 为第 l 次通信的传输速率。

2. 动态卫星通信网络

假设卫星通信网络中有 M 个地球站,共有 N 个通信单元,对于通信量和通信关系持续变化的动态卫星通信网,将其表示为一系列时刻 $\{1, 2, \cdots, T\}$ 的网络序列快照 $W_t = \{W_1, W_2, \cdots, W_T\}$,然后用每个时刻对应的通信矩阵 $\boldsymbol{C}_t = \{\boldsymbol{C}_1, \boldsymbol{C}_2, \cdots, \boldsymbol{C}_T\}$ 表示网络快照,进而表示动态卫星通信网络。其中,通信矩阵 $\boldsymbol{C} = (C_{ij,t})_{N \times N}$ 的元素 $C_{ij,t}$ 表示在 t 时刻通信单元 i 和 j 之间的通信量,T 为时间片的数量。

Dynamic-SEN 算法首先通过式(7-7)获得每个时刻对应的通信矩阵 $\boldsymbol{C}_t = \{\boldsymbol{C}_1, \boldsymbol{C}_2, \cdots, \boldsymbol{C}_T\}$,将其作为算法的输入。由此,Dynamic-SEN 算法的目标函数为

$$\begin{cases} \min_{\boldsymbol{H}_t, \boldsymbol{G}_t} \| (\boldsymbol{C}_t - \beta(\boldsymbol{C}_{t-1} - \boldsymbol{H}_{t-1}\boldsymbol{H}_{t-1}^{\mathrm{T}})) - \boldsymbol{H}_t\boldsymbol{H}_t^{\mathrm{T}} \|_{\mathrm{F}}^2 + \alpha \| \boldsymbol{H}_{t-1}\boldsymbol{G}_t - \boldsymbol{H}_t \|_{\mathrm{F}}^2, & t \geqslant 2 \\ \min_{\boldsymbol{H}_t} \| \boldsymbol{C}_t - \boldsymbol{H}_t\boldsymbol{H}_t^{\mathrm{T}} \|_{\mathrm{F}}^2, & t = 1 \end{cases}$$

s.t. $(\boldsymbol{H}_t)_{ij} \geqslant 0, (\boldsymbol{G}_t)_{ij} \geqslant 0, \forall i, j$ (7-8)

然后,通过以下更新规则对矩阵 $\boldsymbol{H}_1, \boldsymbol{H}_t$ 和 $\boldsymbol{G}_t$ 进行更新:

$$H_{ij,1} \leftarrow H_{ij,1} \sqrt{\frac{(\boldsymbol{C}_1\boldsymbol{H}_1)_{ij}}{(\boldsymbol{H}_1\boldsymbol{H}_1^{\mathrm{T}}\boldsymbol{H}_1)_{ij}}} \tag{7-9}$$

$$H_{ij,t} \leftarrow H_{ij,t} \left[\frac{(2\boldsymbol{C}_t^*\boldsymbol{H}_t + \alpha\boldsymbol{H}_{t-1}\boldsymbol{G}_t - \alpha\boldsymbol{H}_t)_{ij}}{(2\boldsymbol{H}_t\boldsymbol{H}_t^{\mathrm{T}}\boldsymbol{H}_t)_{ij}} \right]^{\frac{1}{4}} \tag{7-10}$$

$$G_{ij,t} \leftarrow G_{ij,t} \left[\frac{(\boldsymbol{H}_{t-1}\boldsymbol{H}_t)_{ij}}{(\boldsymbol{H}_{t-1}^{\mathrm{T}}\boldsymbol{H}_{t-1}\boldsymbol{G}_t)_{ij}} \right] \tag{7-11}$$

根据式(7-9)～式(7-11)的迭代更新规则,直至目标函数[式(7-8)]收敛,然后根据以下策略选择出每个时刻节点隶属社团的情况,即

$$C_{i,t} = \underset{k}{\arg\max}(H_{ik,t}) \tag{7-12}$$

通过式(7-12)获得每个时刻的社团划分后,将每个时刻社团内的通信单元组到一个子网中,使式(7-7)中的平均跳数最小。不仅如此,矩阵 G_t 为节点在 t 时刻的社团演化情况,矩阵 G_t 中的元素代表通信单元划分到不同组网的概率。通过对社团演化矩阵 G_t 进行分析可以预测地球站的组网趋势,为下一时刻的组网规划决策提供有力支撑。

7.4 实验

7.4.1 数据集与对比算法

实验参照文献[2]的方法生成仿真数据集。其中,假设在同一个波束下,工作射频和多址接入方式相同的通信单元有 P_1 的概率产生通信流量;在同一波束下,工作射频和多址接入方式都不同的通信单元有 P_2 的概率产生通信流量;不在一个波束下,通信单元之间有 P_3 的概率产生通信流量。对于通信矩阵的生成,本章结合卫星通信地球站的实际通信过程,根据排队论,将每个通信单元看作一个马尔可夫排队系统,通信数据流到达过程为泊松流,通信次数服从泊松分布,通信时长服从负指数分布。实验设置通信次数平均值为10,通信时长平均值为100s,平均传输速率为1Mbit/s。实验采用式(7-7)的平均跳数作为评价指标,验证 Dynamic-SEN 算法的有效性。

对于动态卫星网络的生成,本章在仿真中通过两种方式生成动态网络:第一种是改变通信单元之间的通信流量,在每个时刻增加通信时长,使两个通信单元之间的流量随着时间而变化,即通信矩阵中边的权重发生变化。第二种是改变通信单元之间的通信关系,在 t 时刻不通的两个通信单元在 $t+1$ 时刻有 Q_1 的概率产生新的通信,即网络中有边新增;在 t 时刻通信的两个通信单元在 $t+1$ 时刻有 Q_2 的概率停止通信,即网络中边的数量减少。

本章采用随机组网算法——SRN(satellite random networking)和基于社团发现的卫星通信地球站组网规划方法——SNCD(satellite networking based on community detection)[1]作为基线算法。其中,SRN 算法不考虑通信单元之间的通信频率和流量大小,在每个时刻随机将网络中可互通的地球站通信单元组成通信子网。SNCD 算法以平均传播时延为优化目标,利用层次聚类的社团发现方法对地球站进行组网。众所周知,至今还没有针对动态卫星通信网络的组网规划方法。因此,对于动态组网规划的对比算法,本章通过在每个时间片上运行 SRN 和 SNCD 算法得到动态组网规划方案,与所提出的 Dynamic-SEN 算法进行对比。

7.4.2 仿真数据集性能分析

1. 不同规模卫星通信网络的动态组网规划

本节实验首先验证 Dynamic-SEN 算法在不同规模的动态卫星通信网络上的组网规划性能。实验生成 5 个不同规模的动态卫星通信网络作为初始网络,卫星通信网络统计信息如表 7-1 所示,然后通过两种方法引入网络的动态变化。从 Dynamic_SNet$_1$ 到 Dynamic_SNet$_5$,地球站的数量逐渐增加,每个地球站配置 5 个通信单元。

表 7-1 卫星通信网络统计信息

卫星通信网络	同步卫星数量	波束数量	地球站数量	通信单元数量
Dynamic_SNet$_1$	5	3	20	100
Dynamic_SNet$_2$	5	3	100	500
Dynamic_SNet$_3$	5	3	300	1 500
Dynamic_SNet$_4$	5	4	500	2 500
Dynamic_SNet$_5$	5	4	1 000	5 000

首先,针对 5 个不同规模的卫星通信网络,分别采用两种方式生成动态网络。第一种是改变节点之间的通信流量大小。通过增加每个时刻通信单元之间的通信时长和通信次数,实现通信单元之间的通信量的改变,生成动态网络 Dynamic_SNet_flow。第二种是改变两个通信单元之间的通信关系,设置在 t 时刻不通信的两个通信单元,在 $t+1$ 时刻有 0.1 的概率产生新的通信关系;在 t 时刻互相通信的两个互通通信单元,在 $t+1$ 时刻有 0.1 的概率停止互通,从而生成动态网络 Dynamic_SNet_relation。每一个动态网络都由 5 个网络快照组成,即共生成 5 个时刻的动态网络。

图 7-5～图 7-9 分别为 Dynamic-SEN 在 5 个不同规模的动态卫星通信网络上进行组网的平均跳数。由实验结果可以得出结论,在 5 个不同规模的动态网络中的所有时刻,Dynamic-SEN 算法均获得了最低的平均跳数。随着网络规模的增大,所有算法的平均跳数都逐渐增大。同时,通信关系发生变化的动态网络相比于通信流量变化的网络组网规划难度更大,组网后的平均跳数也更大。在动态变化的卫星通信网络中,SRN 算法的表现一直不佳,这可能是因为 SRN 算法没有考虑卫星通信网的组网规划需求,只是随机将互通的通信单位分为若干组。SNCD 算法虽然考虑了卫星通信组网规划的需求,将通信流量大的通信单元划分到一个组中,但是没有考虑历史信息对当前时刻组网结果的影响和连续两个时刻网络之间的关联性,因此不能获得最优的组网规划方案。

2. 不同互通概率下的动态组网规划实验

本节对不同互通概率生成的动态卫星通信地球站进行动态组网规划实验,验证 Dynamic-SEN 算法的有效性。在初始生成通信矩阵时,两个通信单元在同一个

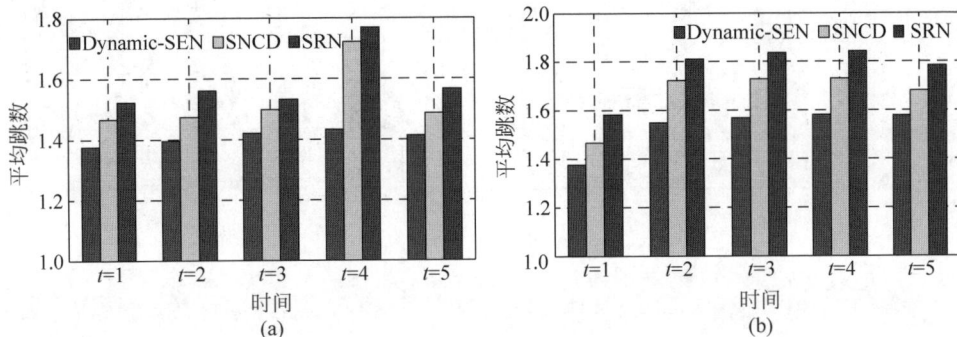

图 7-5 Dynamic_SNet$_1$ 卫星通信网络的平均跳数(见文后彩图)

(a) Dynamic_SNet$_1$_flow;(b) Dynamic_SNet$_1$_relation

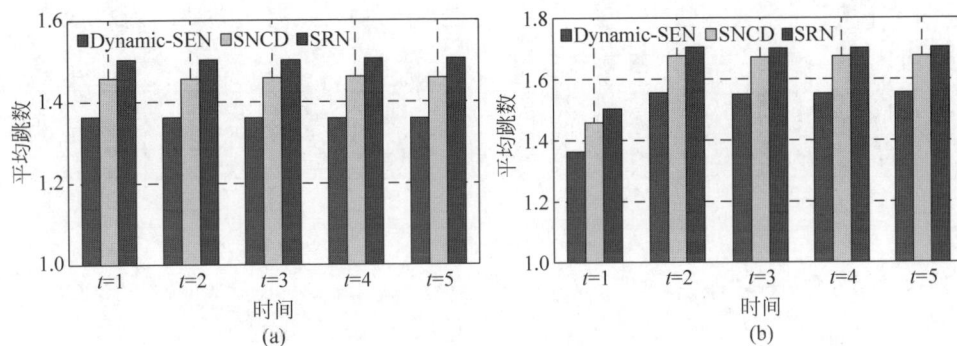

图 7-6 Dynamic_SNet$_2$ 卫星通信网络的平均跳数(见文后彩图)

(a) Dynamic_SNet$_2$_flow;(b) Dynamic_SNet$_2$_relation

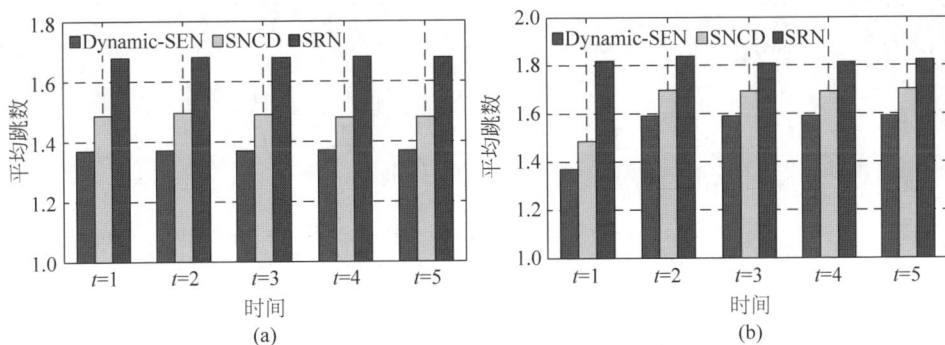

图 7-7 Dynamic_SNet$_3$ 卫星通信网络的平均跳数(见文后彩图)

(a) Dynamic_SNet$_3$_flow;(b) Dynamic_SNet$_3$_relation

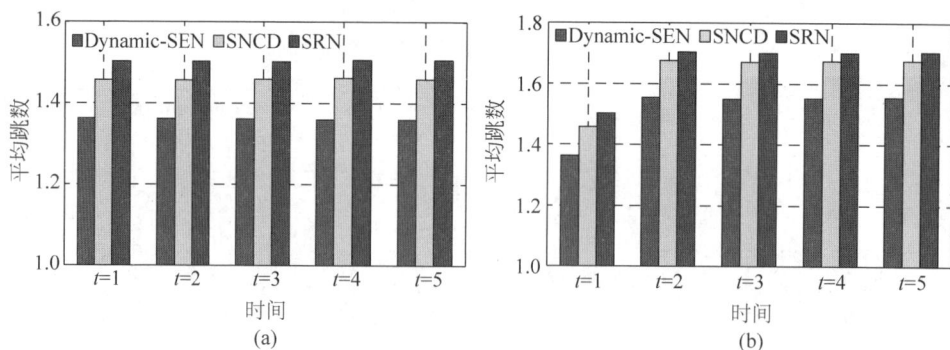

图 7-8 Dynamic_SNet$_4$ 卫星通信网络的平均跳数(见文后彩图)

(a) Dynamic_SNet$_4$_flow; (b) Dynamic_SNet$_4$_relation

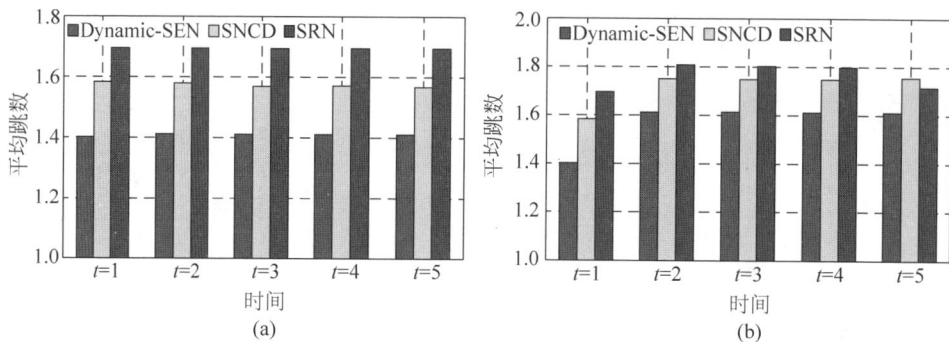

图 7-9 Dynamic_SNet$_5$ 卫星通信网络的平均跳数(见文后彩图)

(a) Dynamic_SNet$_5$_flow; (b) Dynamic_SNet$_5$_relation

波束范围内,且工作射频和传输体制相同则有 P_1 的概率产生通信流量;在同一波束下,工作射频和多址接入方式都不同的通信单元有 P_2 的概率产生通信流量;在不同波束下,通信单元有 P_3 的概率产生通信流量。在生成通信关系发生变化的动态卫星网络时,在 t 时刻不通信的两个通信单元,设置其在 $t+1$ 时刻有 Q_1 的概率互相产生新的通信关系;当两个通信单元在 t 时刻互通时,设置其在 $t+1$ 时刻有 Q_2 的概率不能互通。本节实验设置卫星个数为 5,波束个数为 3,地球站个数为 100,每个地球站有 5 个通信单元。

1) 实验 1

实验 1 讨论 Dynamic-SEN 算法在不同互通概率 P_1, P_2 和 P_3 生成的动态卫星通信网络中的组网规划性能。实验将 P_1 设置为{0.9,0.8,0.7}, P_2 和 P_3 设置为{0.1,0.2,0.3}。本次实验在每个概率组合情况下生成 10 个时刻的动态网络,所有时刻网络平均跳数的均值作为最终的实验结果。在图 7-10 中,从左到右,从上到下依次为当 P_1 选取{0.9,0.8,0.7}时,不同 P_2 和 P_3 组合的组网性能结果。其中,图 7-10(a)~(c)分别为当 P_1 选取{0.9,0.8,0.7}时,通信单元之间通信量发生变化的动态组网性能；图 7-10(d)～(f)分别为通信关系发生变化的动态组网平数跳数结果，其中 Q_1 和 Q_2 设置为 0.2。

从图 7-10 可以得出结论，随着概率 P_1 的降低，组网后网络通信的平均跳数逐渐增大，这是因为网络中具备一跳通信的通信单元之间的通信概率变小。同样，随着概率 P_2 和 P_3 的增加，网络通信的平均跳数也在逐渐增大，这是因为通过多跳才能使通信的通信单元变多，所以网络整体的平均跳数增大。但是可以看到，在所有概率组合生成的动态网络中，Dynamic-SEN 算法均取得优异的组网结果，最大平均跳数控制在 1.75 以下，证明了所提出的算法对于动态通信网络组网规划的有效性。

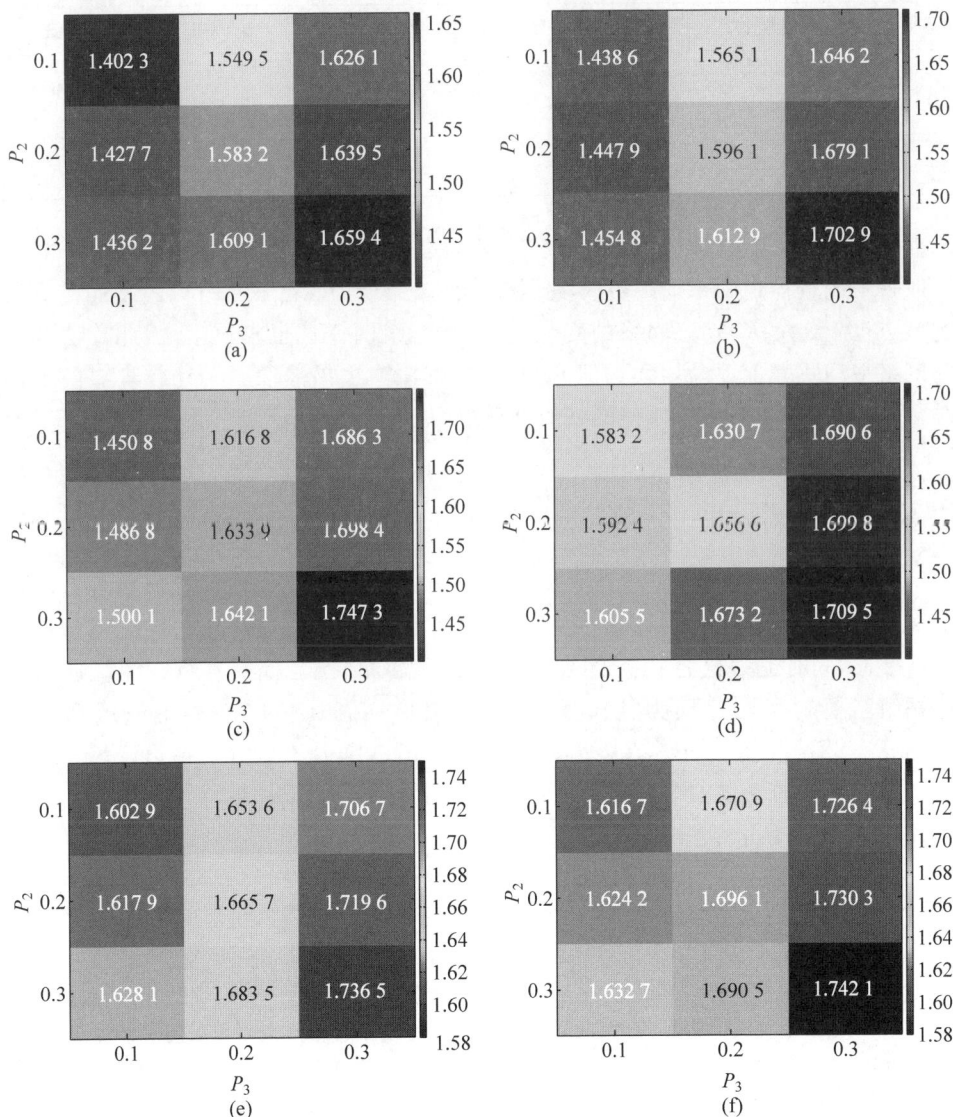

图 7-10　不同互通频率下动态卫星通信网络的组网性能(见文后彩图)

2) 实验 2

实验 2 讨论 Dynamic-SEN 算法在不同互通概率 Q_1 和 Q_2 生成的动态卫星通信网络中的性能。实验设置 $P_1 = 0.7$，$P_2 = 0.9$ 和 $P_3 = 0.95$，通过不同的 Q_1 和 Q_2 组合来验证在通信关系发生改变的网络中 Dynamic-SEN 算法的有效性。本节实验分别设置 Q_1 和 Q_2 为 $\{0.1, 0.2\}$，并生成 5 个时刻的动态卫星通信网络用于评估算法的性能，Dynamic-SEN 算法在不同概率组合下获得的平均跳数如表 7-2 所示。

表 7-2 不同 Q_1 和 Q_2 卫星通信网络的组网性能

不同互通概率组合	$t=1$	$t=2$	$t=3$	$t=4$	$t=5$
$Q_1 = 0.1, Q_2 = 0.1$	1.336 7	1.514 2	1.523 6	1.517 1	1.515 4
$Q_1 = 0.2, Q_2 = 0.1$	1.354 9	1.579 5	1.573 1	1.583 7	1.582 5
$Q_1 = 0.1, Q_2 = 0.2$	1.320 4	1.527 4	1.523 7	1.531 4	1.536 7
$Q_1 = 0.2, Q_2 = 0.2$	1.341 5	1.632 5	1.633 1	1.639 3	1.630 3

从表 7-2 中可知，在不同 Q_1 和 Q_2 的组合下，Dynamic-SEN 算法在 5 个时刻都取得了比较稳定的平均跳数。随着 Q_1 和 Q_2 的增大，在下一时刻改变连接关系的节点也随之增多，动态网络的变化更加明显，组网任务也越艰巨，因此算法获得的网络平均跳数也逐渐增大。但 Dynamic-SEN 算法仍然取得了比较理想的平均跳数，实现了对动态卫星通信网络的合理组网。

7.5 本章小结

本章探索了基于网络表示学习的社团发现方法和基于动态的社团发现方法解决卫星通信组网问题的效力，进一步验证了本章所提出的算法在真实应用场景中的有效性，同时也为智能卫星组网规划提出了新的研究思路。本章将卫星通信地球站组网规划问题建模为社团发现问题，提出动态通信网络的组网规划方法 Dynamic-SEN 算法。仿真结果表明，Dynamic-SEN 算法在地球站通信流量和通信关系发生变化的场景中准确并且稳定地对地球站进行了合理组网。

参考文献

[1] 邵东生,赵洪华,周云,等.基于社团发现的卫星通信地球站组网规划方法[J].兵工自动化,2020,39,258(4):23-29.

[2] 严佳洁,祖家琛,胡谷雨,等.面向异构通信卫星的地球站组网规划方法[J].计算机科学,2021,48(3):275-280.

[3] 赵洪华,谢钧,袁伟伟,等.一种卫星通信网络组网规划方法:CN201810092414.x[P].2020-06-19.

第8章

总结与展望

8.1 本书总结

社团发现问题是复杂网络研究中较为重要的问题之一。本书首先论述了社团发现的研究背景和意义,总结了社团发现的主要方法和国内外研究进展,并从符号网络、动态网络以及重叠社团等社团发现问题出发,分析了其面临的困难和挑战。针对这些挑战,本书利用博弈论和非负矩阵分解技术分别对符号网络、动态网络中的社团发现问题进行了研究,并将图卷积神经网络引入重叠社团发现,提出了有效的社团发现算法。针对大规模网络社团发现问题,本书引入网络表示学习,将深度学习用于发现大规模社团结构。除此之外,还提出了网络表示学习和社团发现联合优化框架。最后,将动态社团发现方法在卫星通信网络中的地球站组网规划问题中进行实际场景的应用探索。总之,本书的主要贡献可总结如下:

(1) 提出一种基于博弈论的符号网络社团发现方法 EM-Game 算法。考虑到符号网络中的正边和负边分别代表朋友和敌人的关系,当网络中节点在组成社团时,通常会选择与朋友在同一社团内,而与敌人在不同的社团。这与博弈论中参与者自私的、理性的行为相吻合。基于此,利用博弈论对符号网络中的社团发现问题进行建模,构建了一个基于网络中正、负边数的效用函数,并证明了该模型局部纳什均衡的存在。在对 EM-Game 算法复杂度分析的基础上,针对博弈策略进行了优化改进。

（2）提出一种用于重叠社团发现的双尺度图小波神经网络模型 TGWNN 模型。结合图小波卷积神经网络和图概率生成模型，提出了一个用于挖掘重叠社团结构的端到端的无监督学习模型。针对具有社团结构的网络的图谱域分布特征，设计了一个具有低频带通滤波频谱响应的小波核函数，实现了对社团信息的准确抽取，基于图小波的切比雪夫多项式近似设计了 TGWNN 模型的实现算法。

（3）提出一种基于演化聚类的动态网络社团发现方法 sEC-SNMF 算法。通过引入演化聚类框架使当前时刻社团划分的结构尽量符合真实社团结构，同时保证连续时刻社团划分的平滑性。为了减少网络中噪声对社团划分的影响，算法利用前一时刻的社团发现结果作为先验信息优化当前时刻拓扑，从而提高社团发现的准确率。算法还进一步引入概率转移矩阵实现对社团演化过程的跟踪和分析。

（4）提出一种基于深度网络表示学习的社团发现方法 NECD 算法。随着网络表示学习研究的不断发展，其为深度模型在社团发现中的应用提供了可能性，为大规模网络社团发现提供了可行性。方法首先基于 skip-gram 模型构建保存了网络潜在社团结构的加权矩阵，然后将其作为深度编码器的输入，通过最小化重构损失生成面向社团结构的节点低维表示，最后在节点的低维表示向量上应用 k-means 聚类算法获得网络的社团结构。

（5）提出一种社团发现和网络表示学习的联合优化框架 FLGAI 算法。社团结构作为描述网络重要的介观结构，对生成表征性和理想的网络表示至关重要，同时有效的网络表示有助于获得准确的社团划分。之前的研究都是将网络表示学习和社团发现任务分开建模，没有充分利用两个任务之间相互促进的协同优势。基于此，在统一的框架中同时优化基于 NMF 的网络表示学习模型和基于模块度的社团发现模型，生成更具有表征性的节点低维表示向量的同时还获得准确的社团结构划分。

（6）探究社团发现在卫星通信地球站组网规划中的应用。在卫星通信网络中，地球站的组网目标是将通信频繁、通信量大的通信单元划分到一个子网中，通过一颗卫星实现通信，这与复杂网络中社团发现任务的目标不谋而合。本书利用所提出的社团发现算法，根据地球站组网规划需求，提出了动态通信网络组网规划方法 Dynamic-SEN 算法。仿真实验结果表明，所提出的算法能够实现对动态卫星通信网络的有效组网，并且可以预测地球站的组网趋势。

8.2 未来展望

随着网络的飞速发展，社团结构的挖掘成为当前复杂网络研究的热点。然而，该领域仍有很多挑战和问题亟须解决，其中包括以下内容。

（1）超大规模网络的社团发现。随着互联网的飞速发展，网络数据规模呈指数级增长，现有的社团发现算法难以对亿量级的超大规模网络数据进行有效的挖掘。针对超大规模网络,设计一个具有可扩展性的社团发现算法并且在准确性和效率方面远远超过现行基准方法是亟待解决的问题。

(2)异质网络的社团发现。异质网络中包含的实体和关系存在诸多不同的类型,这意味着用于同质网络的社团发现方法和策略并不一定能够在异质网络中有效。特别是每种类型实体或关系的概率分布通常是不同的,这将会对模型和算法的设计带来巨大的困难。因此,针对异质网络的社团发现是一个非常具有挑战性的难题。

(3)针对具体应用的社团发现。社团发现的应用领域非常广泛,如从社会网络分析到生物网络、从商业经济网络到神经科学领域等。所有这些不同的应用和领域都表现出不同的特点。因此,对于不同的研究对象,遵循不同的方法论,结合领域知识设计有针对性的社团发现算法也是值得研究的方向。

(4)基于图深度学习的社团发现。目前,利用图深度学习技术进行社团结构检测的研究还处于起步阶段,相关研究还不是特别深入,存在着很多值得研究的方向。其中,对于具有动态时空特性的社团,基于图深度学习的方法尚未有人进行过任何研究,是一个非常有价值的研究方向。对于动态演化的网络,图深度学习模型需要在一系列快照网络中重新训练,动态特征的深度提取是在动态网络中对时间属性信息有效利用的技术性挑战。总的来看,存在如下几个值得研究的问题:如何检测和识别社团的空间变化;设计能够学习嵌入时间特征和社团结构信息的深度模型;开发一种能够同时处理空间和时间特征的统一深度学习方法。

总的来说,未来的复杂网络社团发现研究需要在算法的可扩展性、异质网络的适应性、应用领域的针对性,以及图深度学习技术的深度应用等方面进行深入探索。这些挑战不仅需要跨学科的合作,还需要创新的思维和先进的技术来克服。随着研究的不断深入,有理由相信,社团发现领域将会迎来更多的突破和创新。

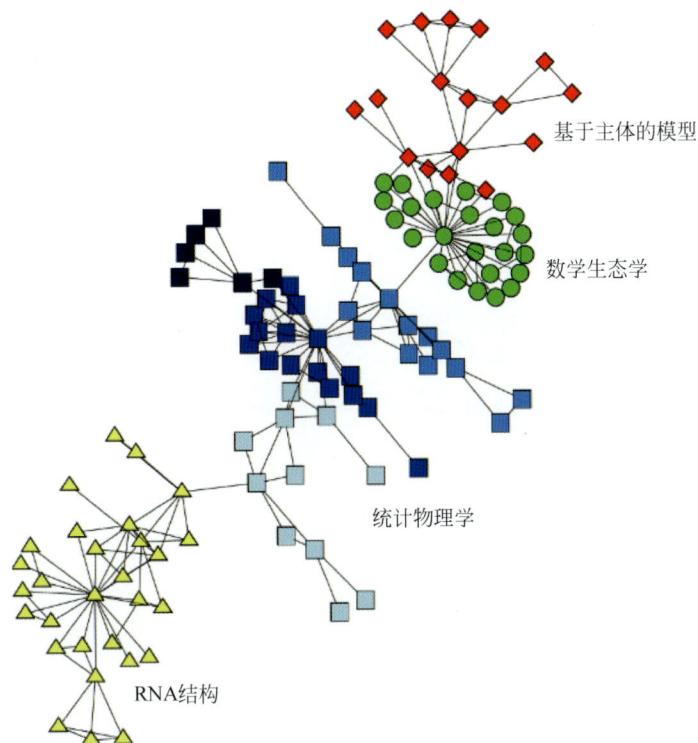

基于主体的模型

数学生态学

统计物理学

RNA结构

图 1-1　现实网络中的社团结构示意图

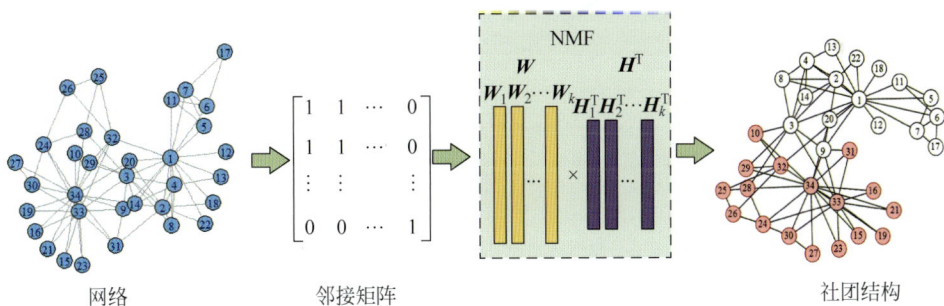

网络　　　　　　　邻接矩阵　　　　　　　　　　　　　　　　社团结构

图 1-4　基于 NMF 社团发现算法示意图

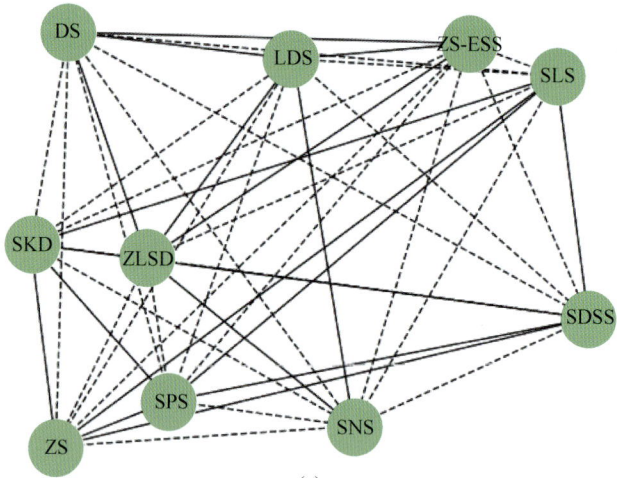

(a)

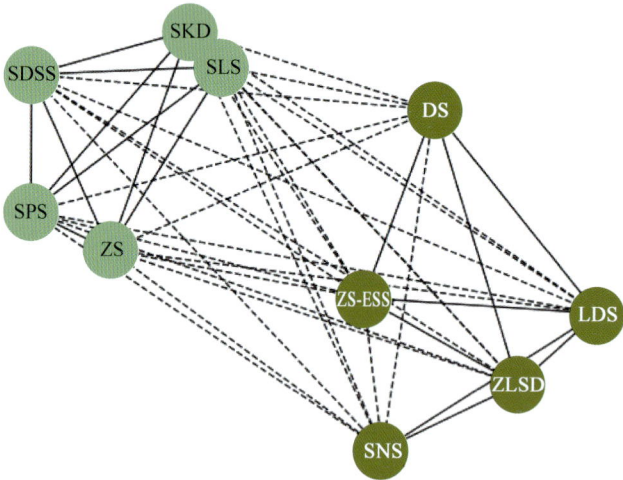

(b)

图 2-3　Slovene 网络

（a）网络拓扑图；（b）社团划分结构图

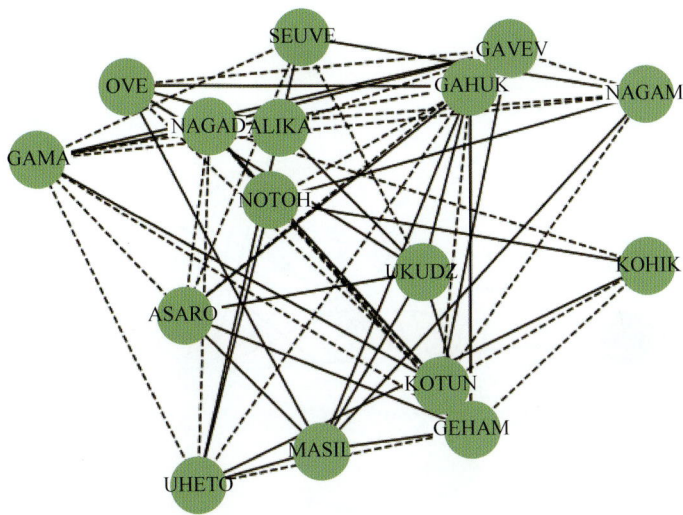

(a)

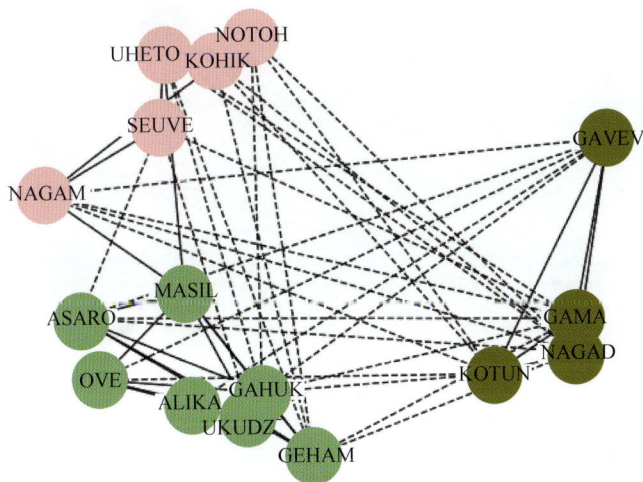

(b)

图 2-4　GGS 网络

(a) 网络拓扑图；(b) 社团划分结构图

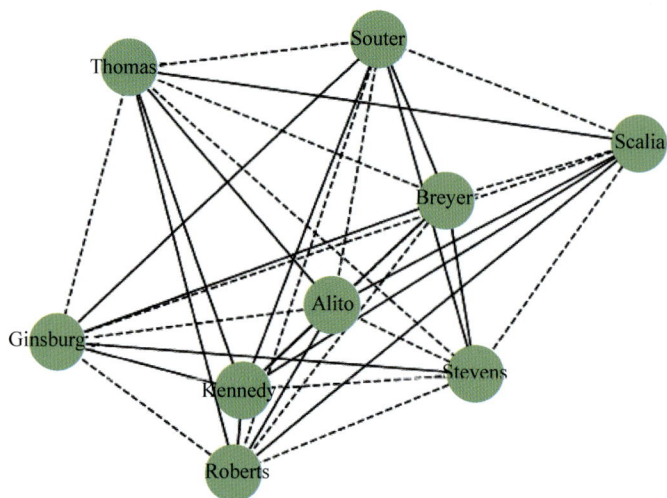

(a)

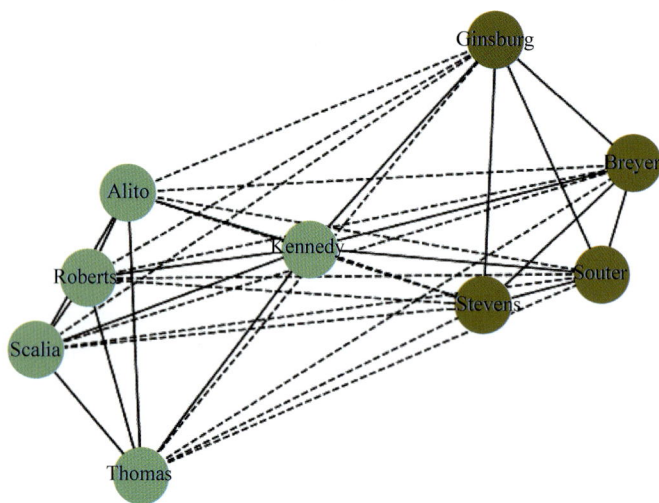

(b)

图 2-5　USC 网络

(a) 网络拓扑图；(b) 社团划分结构图

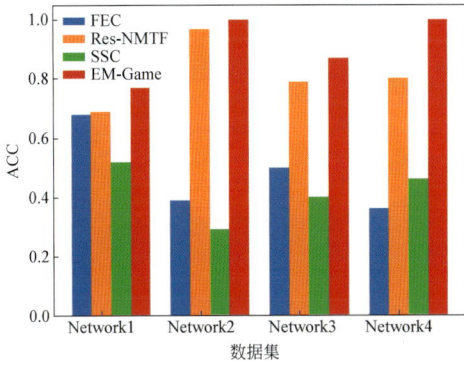

(a)

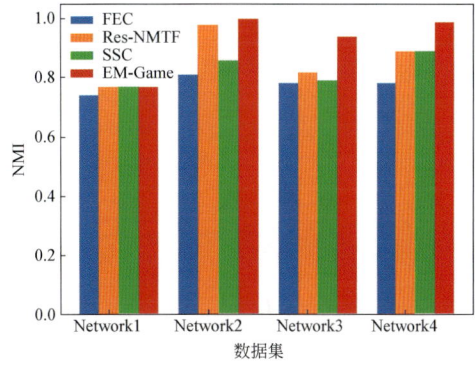

(b)

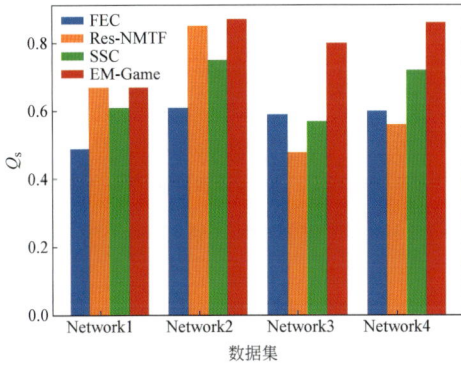

(c)

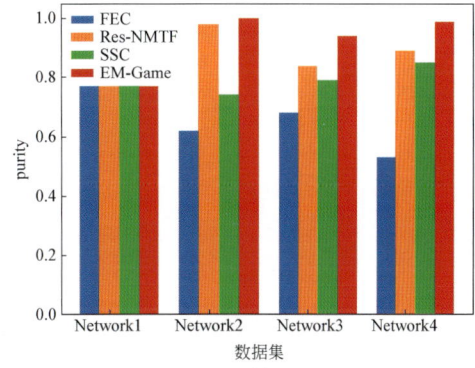

(d)

图 2-7 在 4 个人工符号网络上的社团发现性能对比

(a) ACC；(b) NMI；(c) Q_s；(d) purity

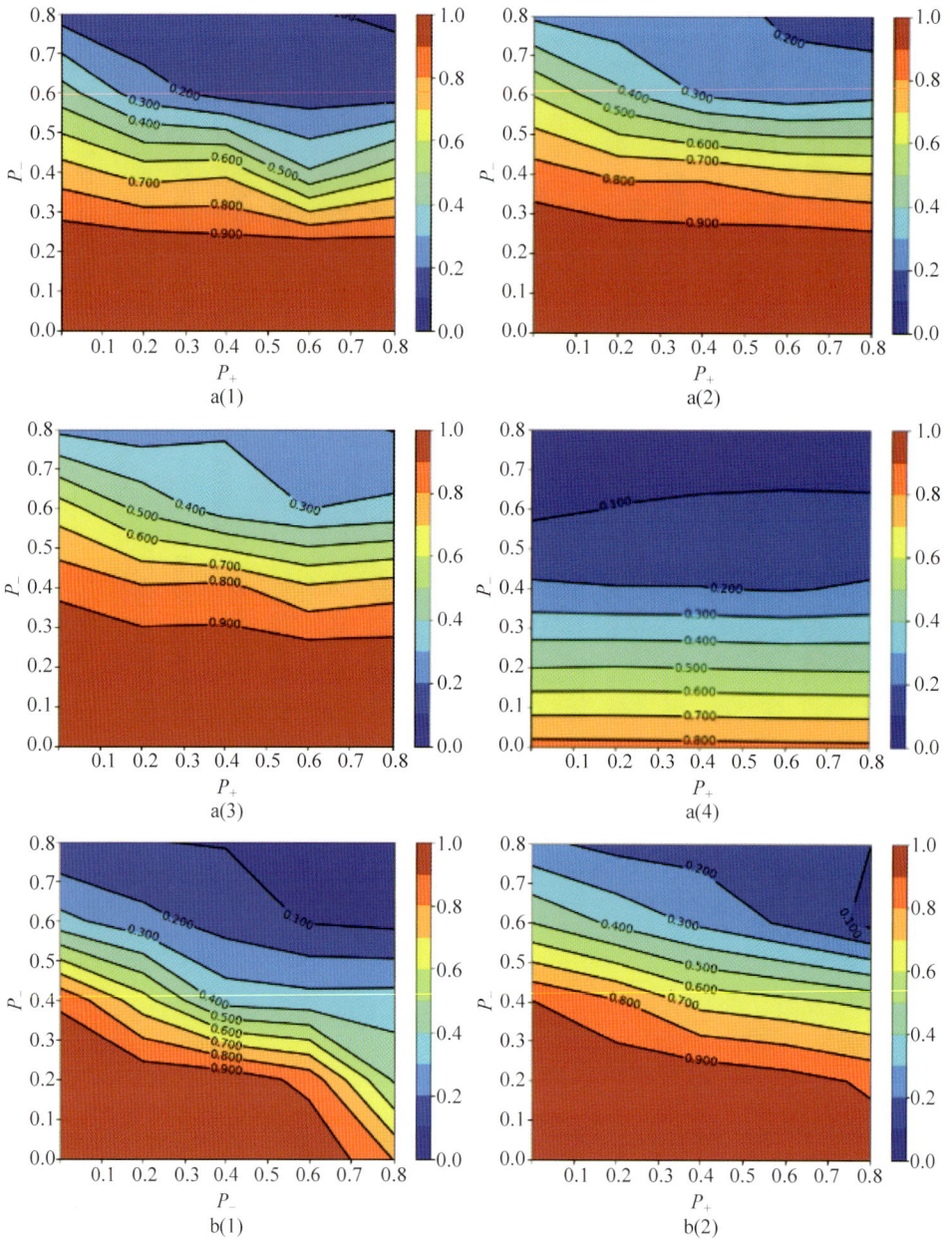

图 2-8　EM-Game 算法的社团发现性能

图中数字 1、2、3、4 分别代表 ACC、NMI、purity 和 Q_s 性能指标，字母 a、b、c、d、e 分别对应 $\mu=0.1$、0.2、0.3、0.4、0.5 的网络。

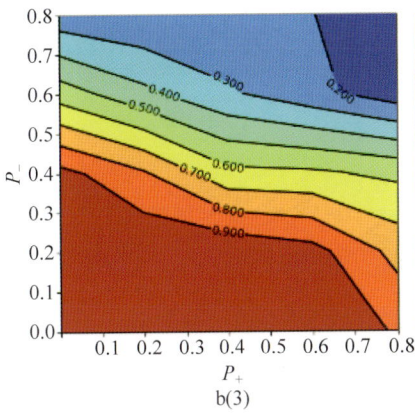

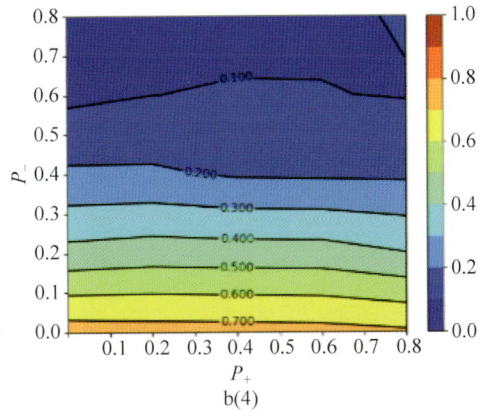

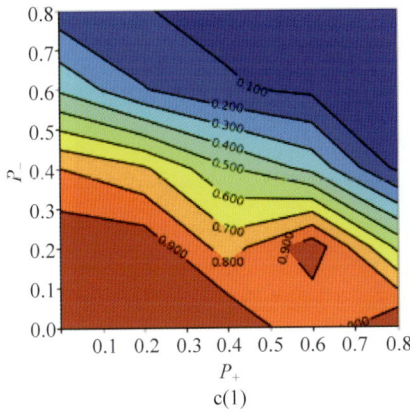

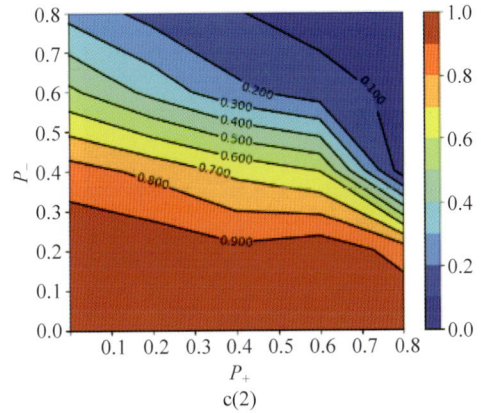

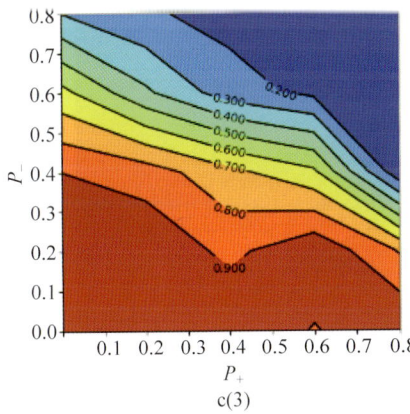

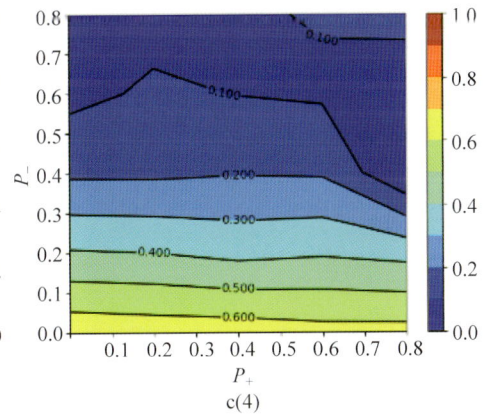

b(3)

b(4)

c(1)

c(2)

c(3)

c(4)

图 2-8 （续）

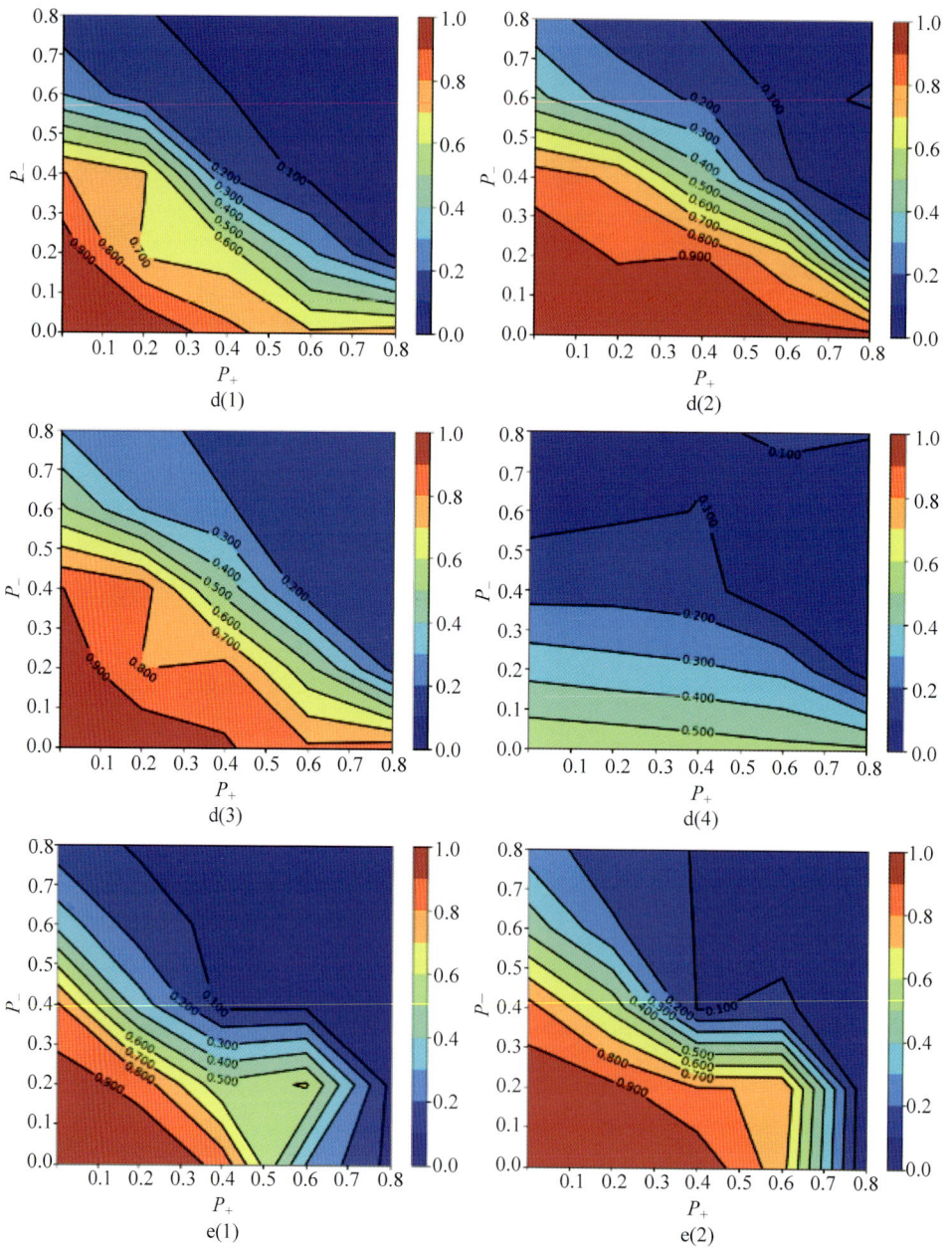

图 2-8　（续）

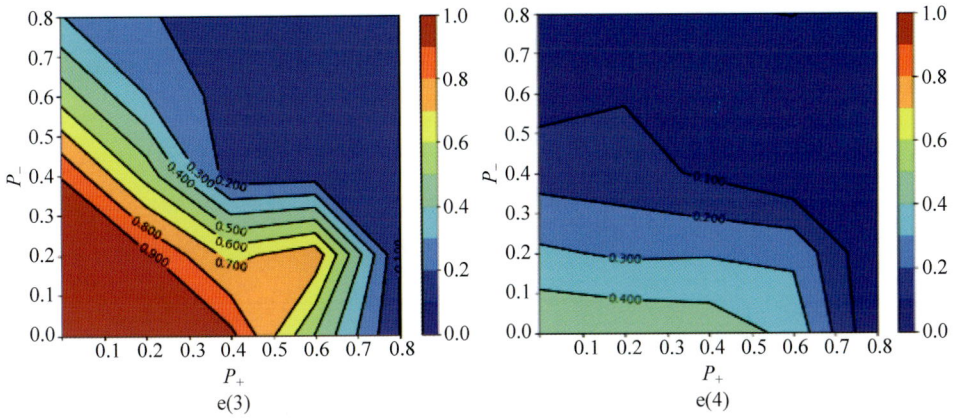

图 2-8 （续）

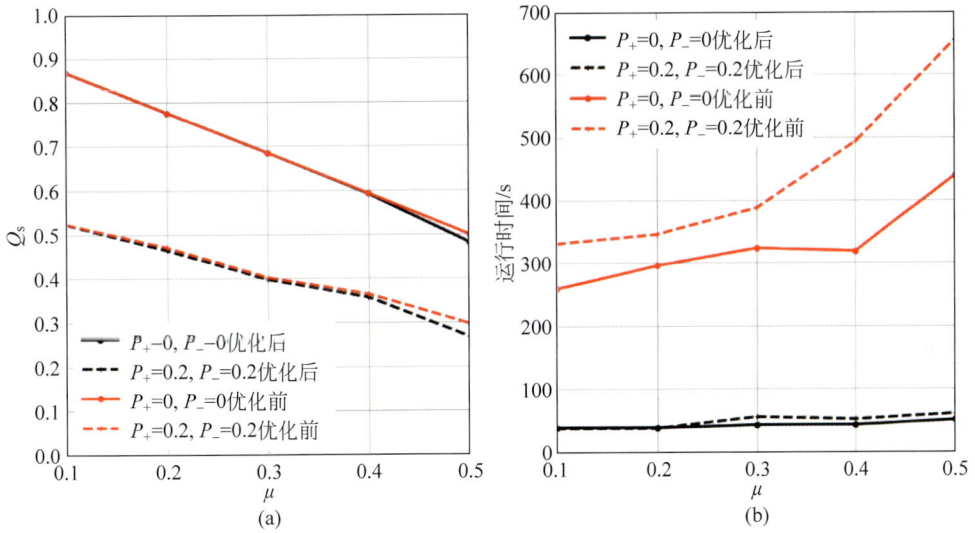

图 2-11 EM-Game 算法优化前后的性能对比

（a）符号模块度 Q_s 指标；（b）运行时间

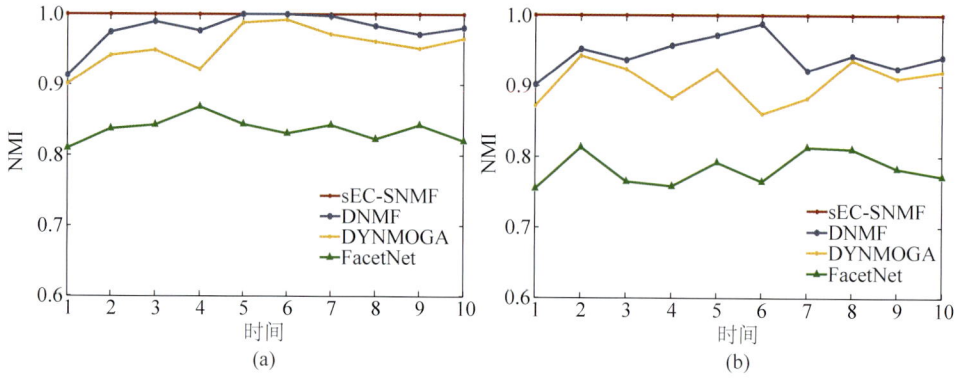

图 4-2 SYN-FIX 数据集上社团发现结果

（a）zout＝3；（b）zout＝5

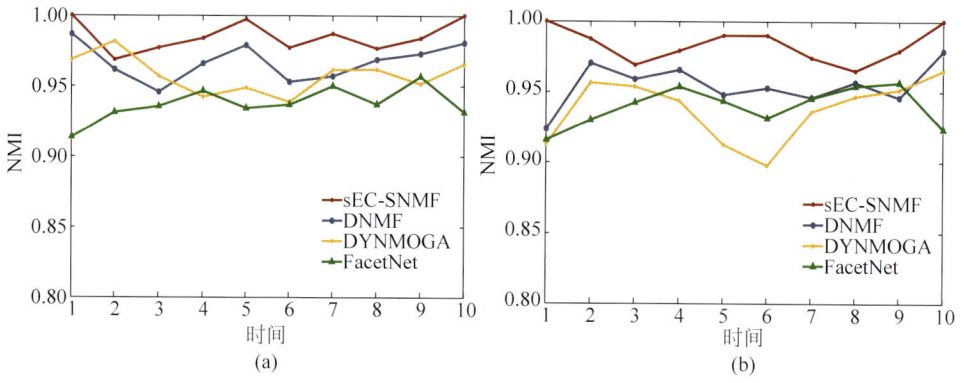

图 4-3 SYN-VAR 数据集上社团发现结果

（a）zout＝3；（b）zout＝5

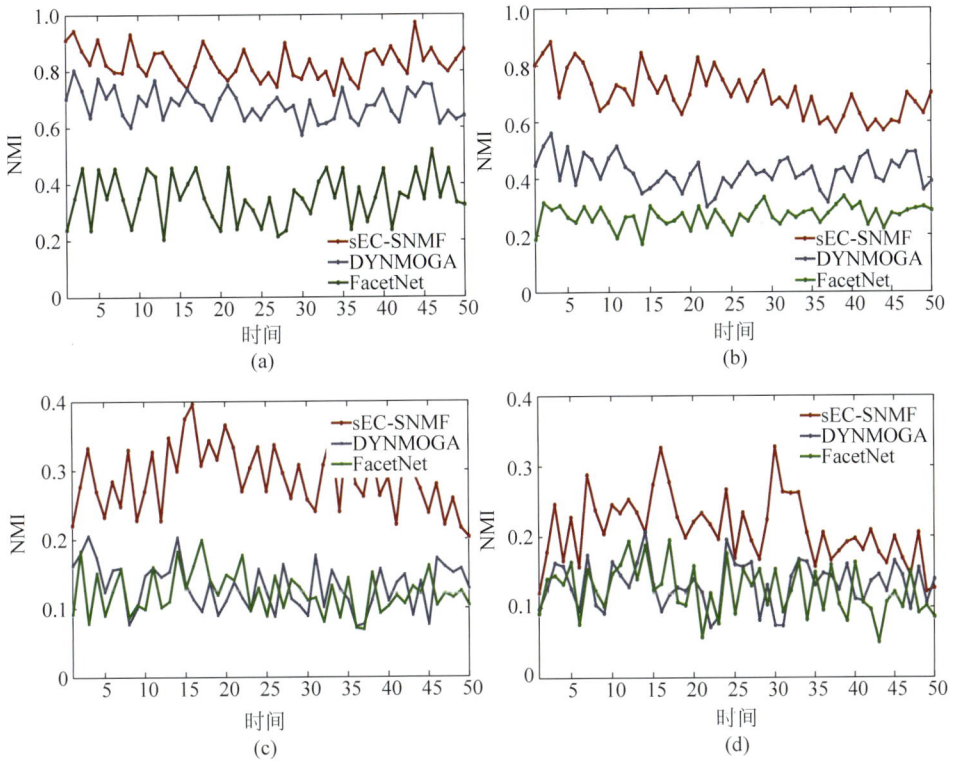

图 4-4 社团发现的 NMI 结果

（a）zout＝5，C＝10％；（b）zout＝5，C＝30％；（c）zout＝6，C＝10％；（d）zout＝6，C＝30％

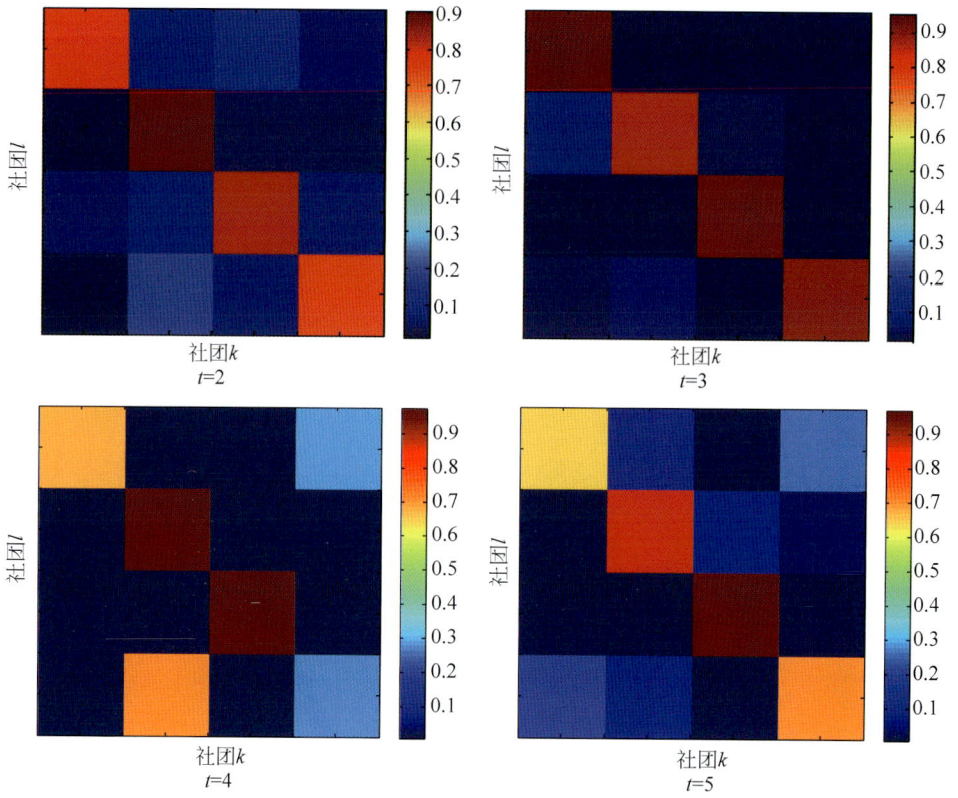

图 4-5　社团动态演化模式的可视化

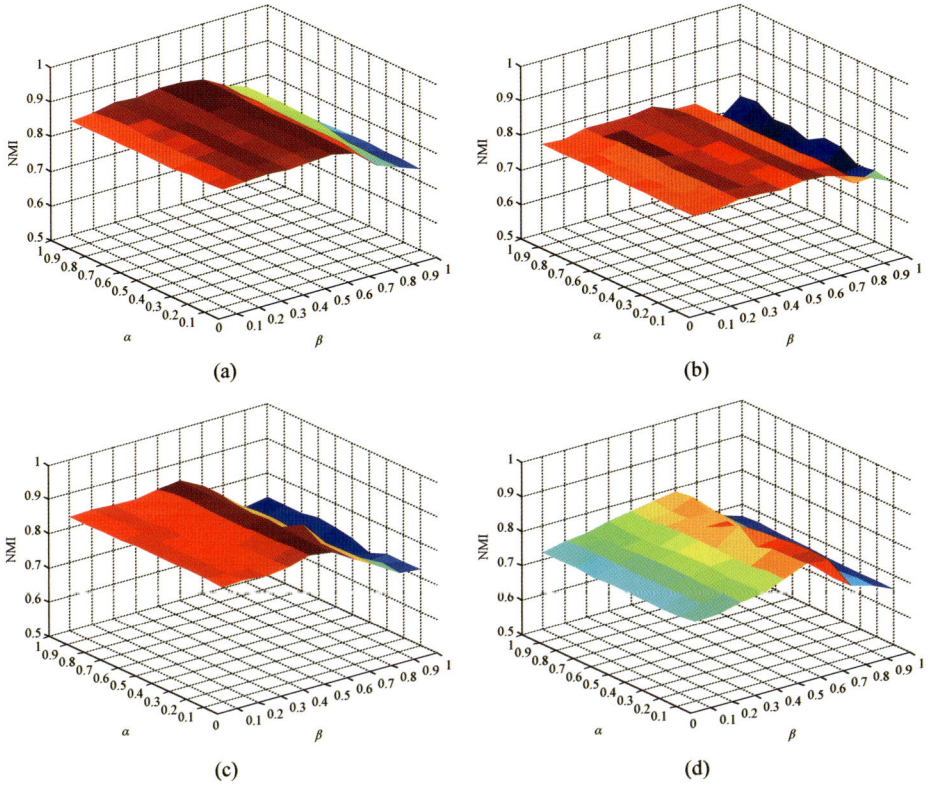

图 4-6　不同参数组合的社团发现结果

（a）$t=2$；（b）$t=3$；（c）$t=4$；（d）$t=5$

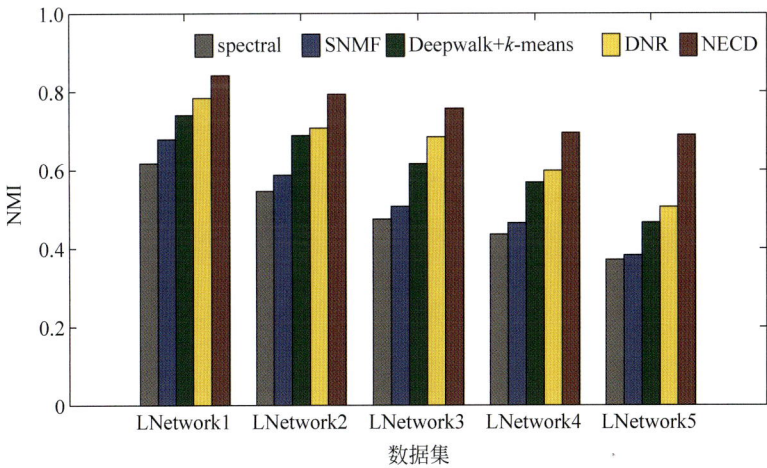

图 5-3　LFR 人工数据集上社团发现的 NMI 结果

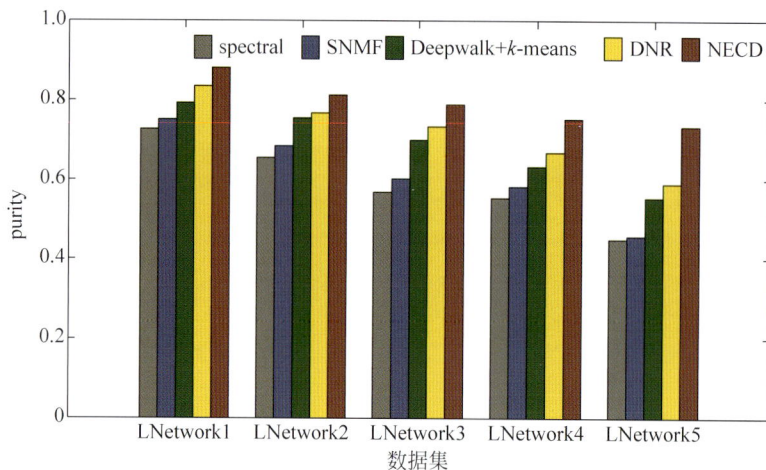

图 5-4 LFR 人工数据集上社团发现的 purity 结果

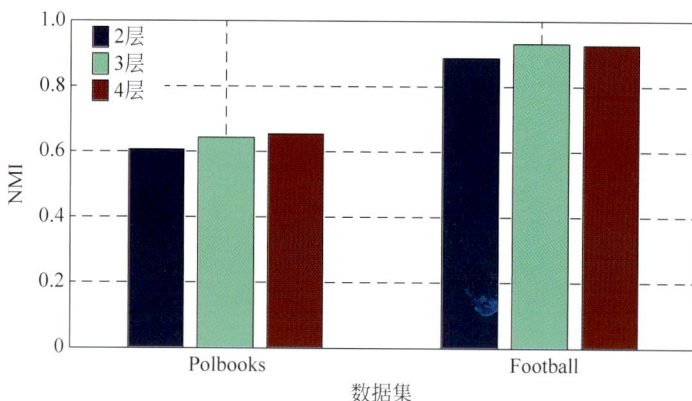

图 5-5 不同层数自编码器的社团发现结果

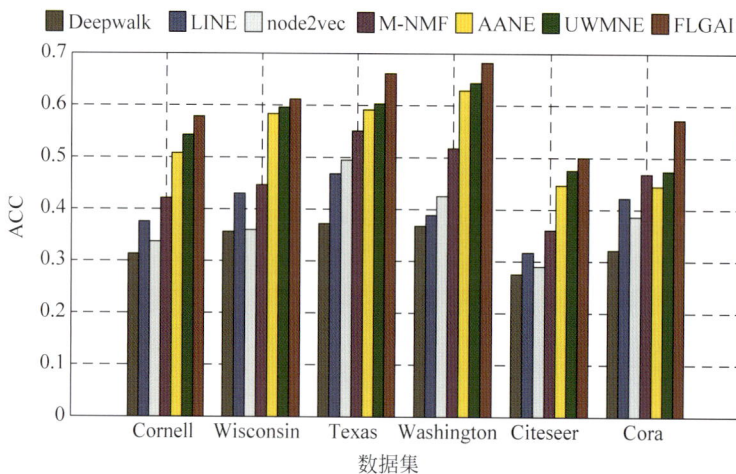

图 6-2 节点聚类的 ACC 结果

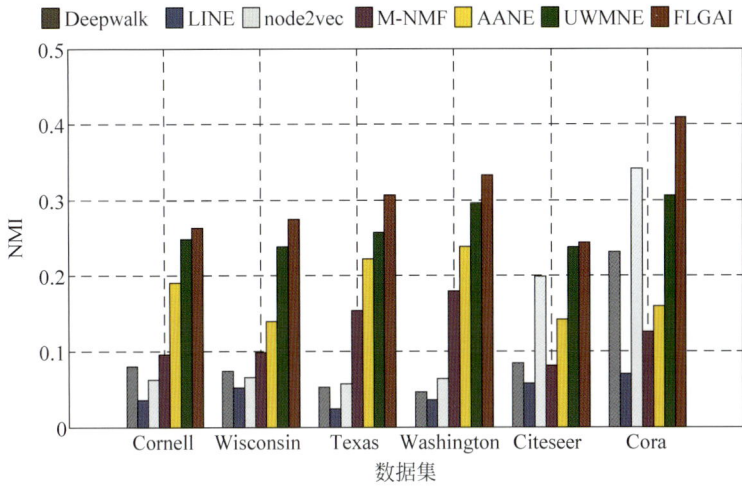

图 6-3　节点聚类的 NMI 结果

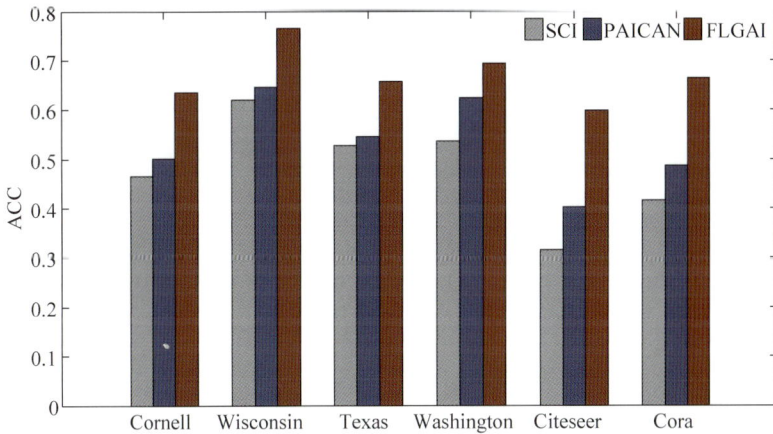

图 6-4　社团发现的 ACC 结果

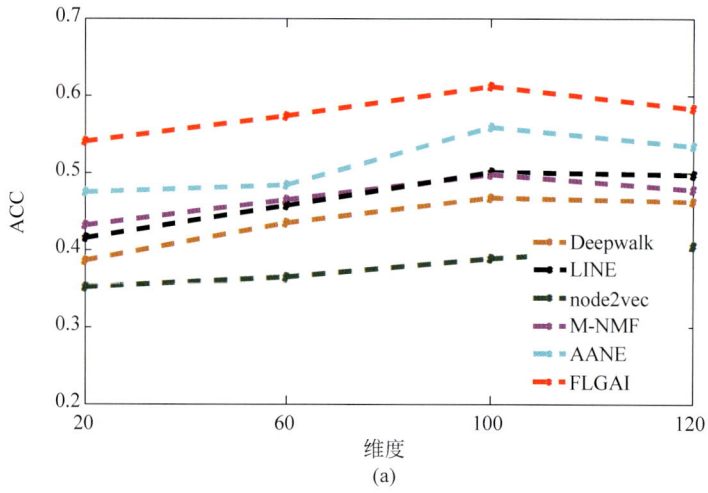

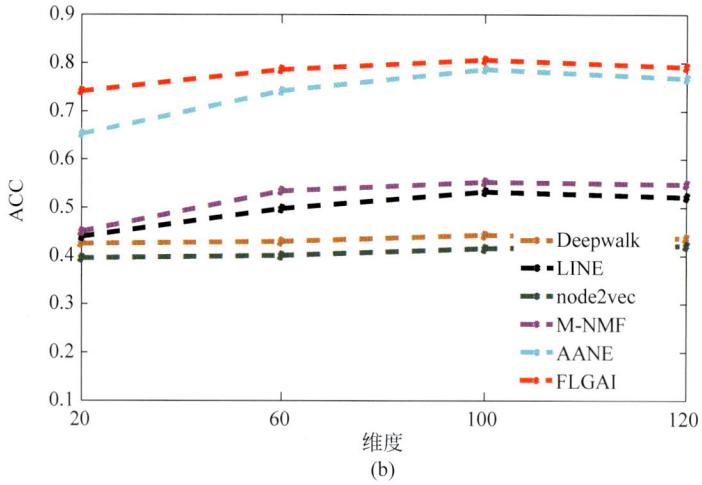

图 6-5 不同节点表示维度下的节点分类结果

(a) Washington；(b) Wisconsin

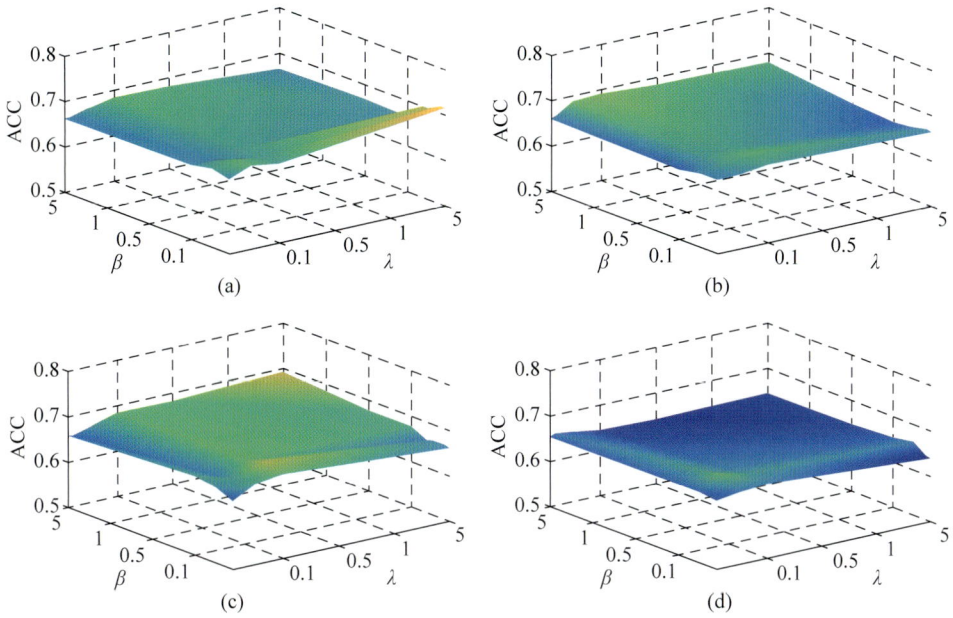

图 6-6　Cornell 数据集不同参数组合的节点分类结果

(a) $\alpha=0.1$；(b) $\alpha=0.5$；(c) $\alpha=1$；(d) $\alpha=5$

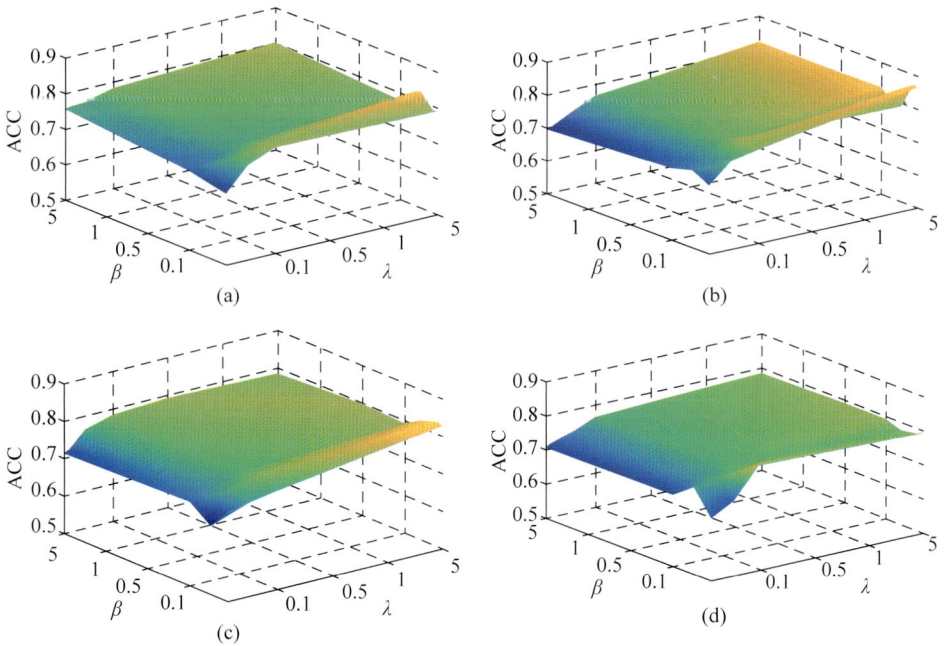

图 6-7　Texas 数据集不同参数组合的节点分类结果

(a) $\alpha=0.1$；(b) $\alpha=0.5$；(c) $\alpha=1$；(d) $\alpha=5$

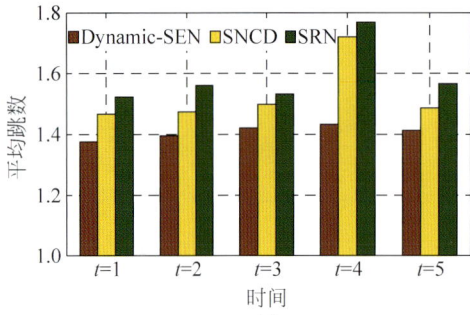

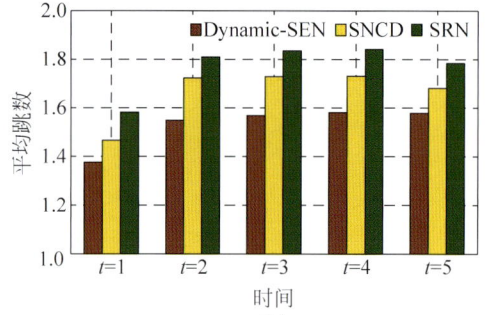

图 7-5 Dynamic_SNet$_1$ 卫星通信网络的平均跳数

（a）Dynamic_SNet$_1$_flow；（b）Dynamic_SNet$_1$_relation

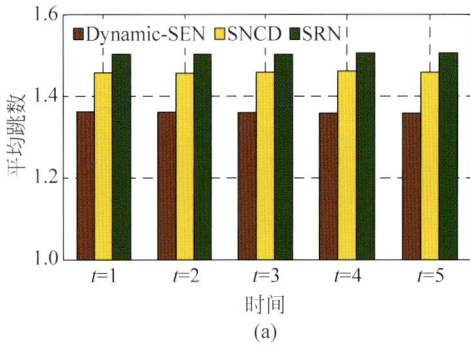

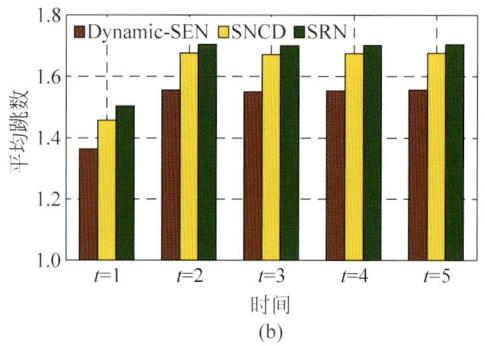

图 7-6 Dynamic_SNet$_2$ 卫星通信网络的平均跳数

（a）Dynamic_SNet$_2$_flow；（b）Dynamic_SNet$_2$_relation

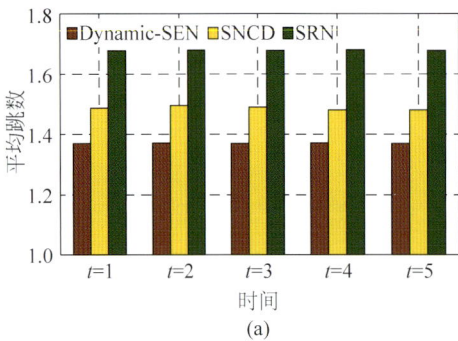

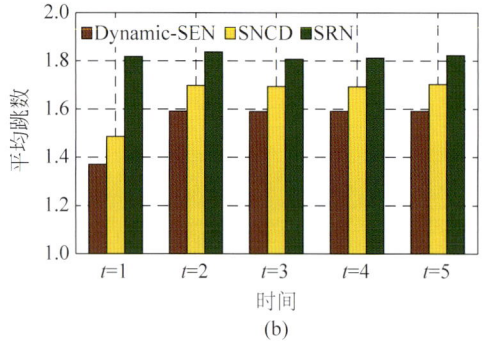

图 7-7 Dynamic_SNet$_3$ 卫星通信网络的平均跳数

（a）Dynamic_SNet$_3$_flow；（b）Dynamic_SNet$_3$_relation

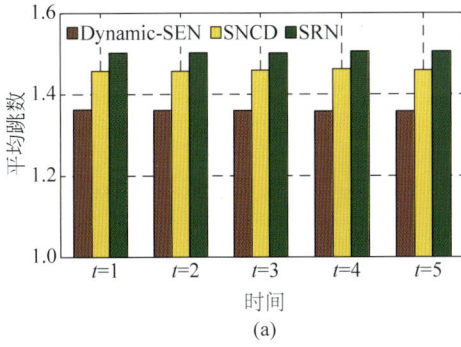

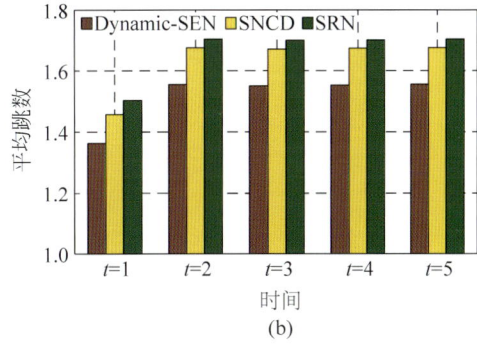

图 7-8　Dynamic_SNet$_4$ 卫星通信网络的平均跳数

（a）Dynamic_SNet$_4$_flow；（b）Dynamic_SNet$_4$_relation

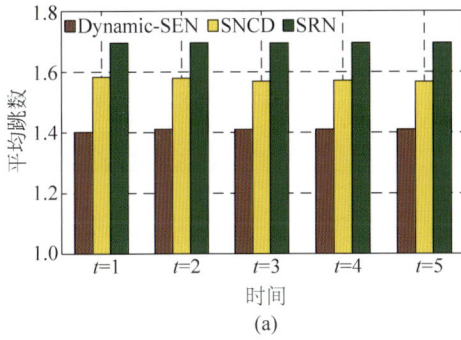

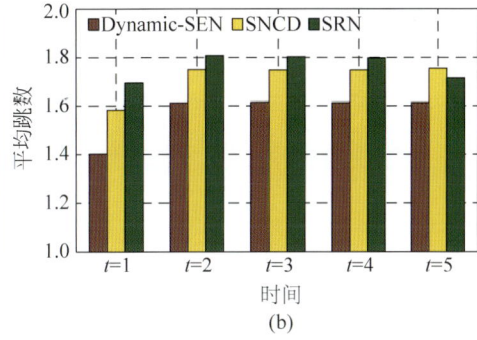

图 7-9　Dynamic_SNet$_5$ 卫星通信网络的平均跳数

（a）Dynamic_SNet$_5$_flow；（b）Dynamic_SNet$_5$_relation

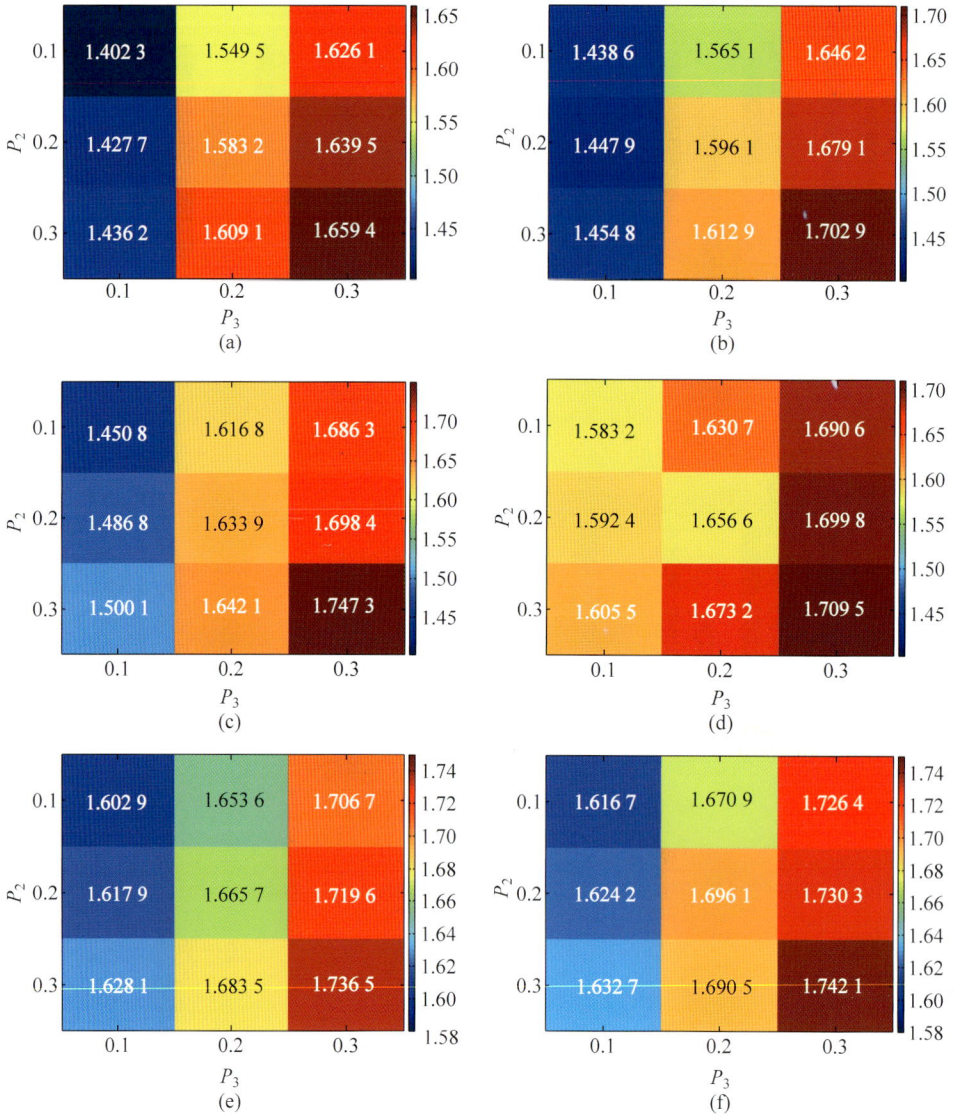

图 7-10　不同互通频率下动态卫星通信网络的组网性能